微積分学のエッセンス

The Essence of Calculus

微積分学の
エッセンス

原 啓介
Keisuke Hara

岩波書店

まえがきに代えて
──微積分学入門の鑑賞の手引き

　微積分学の入門書は膨大に出版されている．そして，古典的な解析学が完成し固定している以上，述べるべきことは既に述べられている．したがって残されているのは何を選び，何を捨て，どう組み合わせ，どのように語るか，という趣味とスタイルの問題であり，その回答は常に批評の意味を持つ．

　そして批評の観点は，教育者にとってのみならず，入門者にも重要である．どうしてこのようなことを，このように学ぶのか，という疑問を念頭に置かずして，効果的な学習はありえないからである．また，「先生の身になってみる」ということには学習を深める不思議な効果がある．

　微積分学の入門書には大局的に見て，以下の三つの問題点がある．

(1) 数学的厳密さと応用への配慮とのジレンマ

(2) 高校数学からの接続とより進んだ解析学への接続とのジレンマ

(3) どの内容を含めるか，分量の多寡のジレンマ

　この三つは互いに深く関連している．直観的に解析学の基礎を導入した高校数学に対して，公理主義に基く論理的に厳密な「ほんものの」解析学をいかに接続するか．数学者になるわけではないほとんどの人々にとって，このような接続は必要なのか，どのような形をとるべきか．その中で，多量，多岐に渡る解析学の基礎的事項の何を扱うべきか．

　しかも，この三つはどれも文字通りジレンマであり，答が存在しない．読者層を限定して目的を絞り込むことで近似解を目指すにせよ，問題の本質は除かれないし，その目的を達成することも十二分に難しい．

　この問題に取り組むにあたって，少なくとも以下のような具体的な課題がある(0.5 節「やっかいな問題たち」)．

- 実数の再定義
- 事実上の位相(general topology)の内容，特に閉区間上の連続関数
- 平均値の定理の扱い方

- 積分の再定義
- 初等的な超越関数の再定義

　本書ではこれらの課題を処理するにあたって，(1)直観的理解で先導しながらも，(2)進んだ解析学の学習にも十分に厳密に，(3)可能な限り少なく短かく，を目指した．このうち最も困難なのは「少なく短かく」だった．

　このような方針に沿って，以上に挙げた問題を本書ではどのように処理しているかは本文に任せるが，そのうちには現在において標準的とは言えない方法もある（特に平均値の定理と積分）．もちろん，奇をてらったわけではなく，もっともな理由があると信じてのことである．

　また，上に挙げた問題ほど本質的ではないが，微積分学の教程には，その性質上やむをえないとは言え，「いろんなことを勉強しました」という印象だけを残して一つの理論体系を学んだ充実感に乏しいという特徴がある．

　本書ではこの弱点を払拭するよう，材料を選び構成を工夫したが，これに加えて，冒頭に本書全体のエスキース[*1]にあたる章，また最後にそれまでに学んだすべてが縦横無尽に利用される応用として，微分方程式論の章を設けた．

　なお，学習には能動的に考えることが欠かせない．そのためところどころに例題を与えた．どれも模範解答を要しないやさしい問題だが，そこで立ち止まって理解を確認する機会にしてほしい．

　これらの試みが成功しているかは読者の判断を仰ぐ他ないが，本書が少なくとも楽しく，有用であることを願う．もしそうならば，できないものが教え，教えられないものが教え方を教える，という私には苦い箴言もいささかの甘さを含むだろう．

2023 年　小石川にて

原　啓　介

---

*1　esquisse（仏）．主に建築，美術の分野で，構想や構造を示すために作る下絵，素描．

目　次

2　連続性をめぐって I：実数と極限　　　　37

6 微分と積分

7 微分と積分の応用 I：超越関数

0　微積分学のエスキース

0.1　関　数

0.1.1　関数と連続性

初等的な微積分学の基本的な対象は，実数の集合，特にある区間から実数への連続な関数である．

実数(2.1 節)の集合(1.1 節)，例えば**区間**(1.3.3 項)

$$[a,b] = \{x \in \mathbb{R} : a \le x \le b\}$$

に含まれる各点 $x \in [a,b]$ に対し，$f(x)$ で表される実数を 1 つずつ定める対応 f を**関数**(1.3.2 項)と言う．これを以下の図 1 のように，x と $y = f(x)$ を x-y 座標にプロットすることで，グラフに描ける．

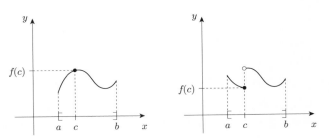

図 1　区間で連続な関数(左)，連続でない関数(右)

この関数 f が区間 $[a,b]$ で**連続**である，もしくは**連続関数**(3.1.1 項)であるとは，点 $(x, f(x))$ をプロットしてグラフに描いたとき，図 1 の左のようにこのグラフに飛びがなく一つながりになっていることである．

一方，右の図では点 c において連続でない．その他の点 $x \ne c$ においては左図と同じく連続である．このように連続，不連続の概念はまず各点ごとにおけ

る概念であり，その関数を定義している区間などの集合上のどの点においても連続であるとき，連続関数と呼ぶわけである．

0.1.2 極限の考え方

微積分学の本質は知りたい関数を見積もること，つまり**近似**することである．知りたい値に十分に近い値を見つけたり，知りたい値が必ずある値より大きい，または小さいことを示すことで情報を得る．

さらに，単に近似するだけではなく，目標の値にだんだんと近づいていく，しかも誤差がいくらでも小さくなり，限りなく，つまり無限に近づいていく，という**極限**(2.2節)の考え方が微積分学の基盤になる．

例えば，関数 f の点 c での値 $f(c)$ を問題にしているとしよう．これを x が c という値に無限に近づいていくとき（これを $x \to c$ と書く），関数 f の値 $f(x)$ がどうなっていくかで調べる．

関数の連続性で言えば，関数 f が点 c で連続であるとは，$x \to c$ のとき $f(x) \to f(c)$ となることである．図1の左のグラフでは，$x \to c$ のとき $f(x)$ は $f(c)$ の値に無限に近づいていく．言い換えれば，$x \to c$ のとき $f(x)$ が無限に近づいていく値，すなわち極限の値（これを $\lim_{x \to c} f(x)$ と書く）が $f(c)$ に等しい．

$$\lim_{x \to c} f(x) = f(c), \quad (f \text{ は } x = c \text{ で連続}).$$

しかし，同図の右のグラフでは，$x \to c$ のときに $f(x)$ の極限の値が定まらない．実際，x が右から c に近づいていくときと，左から近づいていくときでは $f(x)$ の行く先が異なる．つまり，点 c において連続ではない．

この例からもわかるように，極限の考え方のポイントは，単に無限に近づくだけではなく，**どんな近づき方をしても**，という普遍性が要求されることである．

この極限の概念を，「無限に近づく」といった直観的な表現に頼らず，厳密な定義を与え，その基盤の上に微積分の理論を構築することが課題である．

0.1.3 色々な関数

微積分学入門で考える具体的な関数は主に，x を変数，a を定数として，冪

関数 x^a，指数関数 a^x，正弦関数 $\sin(x)$，定数関数 a，および，これらの組み合わせで表される関数である（ただし，指数関数 a^x については，$a>0$ を仮定する）．

　ここで言う組み合わせには，加減乗除や絶対値など実数に対する演算（1.5.2 項）の他に，(1)関数の**合成**（1.2.3 項）と(2)**逆関数**（1.2.4 項）がある．

(1) 2 つの関数 f, g に対し，x にまず $y=g(x)$ を対応させ，さらに f で $f(y)$ $=f(g(x))$ を対応させるとき，これを x に $f(g(x))$ を対応させる関数と見て f, g の合成と呼び，記号では $f \circ g$ と書く．

　　例えば，$\sin\left(\dfrac{\pi}{2}-x\right)$ は $f(x)=\sin(x)$ と $g(x)=\dfrac{\pi}{2}-x$ の合成 $(f \circ g)(x)=$ $f(g(x))$ である．

(2) x に $f(x)$ を対応させる関数 f に対し，この逆向きに，f の値 y それぞれに $y=f(x)$ となるような x を対応させることが関数として定められる場合，これを f^{-1} と書いて f の逆関数と言う．

　　例えば，指数関数 $f(x)=a^x$ と対数関数 $g(x)=\log_a(x)$ は互いに逆関数の関係にあり，$f^{-1}=g$，$g^{-1}=f$ である．よって，一方の定義を用いて他方をその逆関数として定義できる．

　これらの具体的な関数の性質を積分や微分の理論を用いて調べることは，微積分学の応用の主題である．しかし，最初に列挙した基本的な関数のうち，十分に厳密な定義を初等的に与えられるのは，定数関数と q が有理数である場合の冪関数 x^q だけである．

　よって，高校数学では直観的に導入された指数関数，対数関数，三角関数などのいわゆる**超越関数**を，微積分の理論自体を用いて厳密に定義しなおすことも（7 章），微積分学の課題である．

0.2　積分の直観的描像——積分は面積

0.2.1　面積としての積分

　以下ではしばらく関数 f は区間 $[a, b]$ で連続であり，かつ非負（つまり 0 以上）の実数の値をとるものとする．このとき，関数 f の $[a, b]$ 上での**積分**とは，x 軸と f のグラフと直線 $x=a$ と $x=b$ に囲まれた図形の面積の値 S のことで

ある(図2). これを記号で,

$$S = \int_a^b f(x)\,dx$$

のように書く. 記号 $\int$ の下端 a と上端 b は, それぞれ区間 $[a, b]$ の下端と上端を表している.

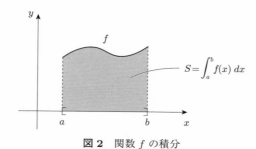

図2　関数 f の積分

0.2.2　積分の近似の考え方

上の積分の値 S を知るための最も基本的な評価として, もし $f(x)$ が $[a, b]$ 上で常にある定数 m 以上で M 以下, すなわち,

$$m \leq f(x) \leq M$$

ならば, 問題の面積は幅が $b-a$ で高さ m と M の2つの長方形に挟まれているので, 以下が成り立つ;

(0.1) $$m(b-a) \leq \int_a^b f(x)\,dx \leq M(b-a).$$

もしこの m と M が近い値ならば, 知りたい積分の値 $S = \int_a^b f(x)\,dx$ は上式の両辺の値で良く近似されるだろう. また, この区間のどの点 $z \in [a, b]$ に対しても, $f(z)(b-a)$ は S の良い近似だろう.

より一般的な評価として, もし $f(x)$ と $g(x)$ が $[a, b]$ 上で常に $f(x) \leq g(x)$ ならば, 同じく面積の大小関係より,

$$(0.2) \qquad \int_a^b f(x)\,dx \le \int_a^b g(x)\,dx$$

となる. 上の(0.1)式はこの評価の特別な場合である.

さらに, $f(x)$ と $g(x)$ がどの点 $x \in [a,b]$ においても近いならば, それぞれ
の積分も近く, 互いに良い近似になるだろう.

0.2.3 階段関数による近似

前項の基本的な評価の考え方を用いて積分 S をより良く近似するには, 区
間 $[a,b]$ を細かく分割すればよい.

区間 $[a,b]$ に対して, 分点 $a = a_0 < a_1 < a_2 < \cdots < a_{n-1} < a_n = b$ をとり, 小
さな区間 $[a_0, a_1), [a_1, a_2), \ldots, [a_{n-1}, a_n]$ に分割する. この各小区間 I_j の幅を
$\delta_j = a_j - a_{j-1}, (j = 1, \ldots, n)$ と書く.

そして, 小さな区間それぞれの中に標本点 $x_j \in I_j$ をとり, その小区間 I_j の
上で一定の値 $f(x_j)$ をとる関数 f_n を考える(図3). グラフが階段のような形
になるので, このような関数を**階段関数**と言う(4.1.1項).

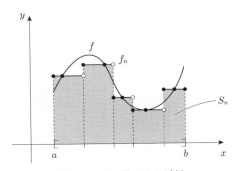

図 3　階段関数による近似

この f_n の積分は, 幅が δ_j で高さが $f(x_j)$ の長方形たちの面積の和

$$S_n(x_1, \ldots, x_n) = \sum_{j=1}^n f(x_j)\,\delta_j$$

に他ならない.

そして，分割の個数 n を増やして，区間 $[a, b]$ の分割を細かくしていけば，f_n は f に近づいていき，S_n はある値 S に近づく．つまり，$n \to \infty$ のとき，

$$(0.3) \qquad \sum_{j=1}^{n} f(x_j)\,\delta_j \to \int_a^b f(x)\,dx$$

となるだろう．

したがって積分の記号 $\int_a^b f(x)\,dx$ の直観的な意味は，**無限に小さな区間幅 "dx" に高さ $f(x)$ をかけたものを a から b までの x について総和した**，ということである．

上の第 0.2.1 項では「積分とは面積である」と宣言したが，これは面積に対する直観を利用したもので，実際は面積とは何か我々は知らない．数学的にはこの近似の極限 (0.3) で積分が定義されるのであって，「面積とは積分である」と言うのが正しい．積分の理論の課題は，この近似による極限の意味を正確に定義し，適当な仮定のもとで存在を保証して，その性質を調べることである．

0.2.4　より一般の積分とその意味

上では連続関数 f の値は非負と仮定していたが，一般に実数の値をとる f の積分も同じく前項の (0.3) 式で定義する．f が負の値もとるときはもはや面積とは言えないが，x 軸より下にある部分は「負の面積」を持つと解釈すればよい．

また，積分範囲の $\int_a^b$ においては $a < b$ なのだったが，

$$\int_b^a f(x)\,dx = -\int_a^b f(x)\,dx$$

によって，積分範囲の大小関係が逆になっている場合を定義しておくと便利である．また，これより上端と下端が一致していれば $\int_a^a f(x)\,dx = 0$.

0.2.5　積分の基本的評価

第 0.2.2 項での積分の評価は面積に対する直観に基いていたから，これらを積分の定義から証明する必要がある．

定数 m, M はこの区間全体の上で一定値をとる階段関数に他ならないから，

評価(0.1)は積分の定義よりほぼ自動的に証明できる.

この両辺を $b-a$ で割って,

$$m \leq \frac{1}{b-a} \int_a^b f(x)\,dx \leq M$$

と書くと,不等式の中央はこの区間で f の値をならしたものとみなせるので,上式を(積分の)**平均値の定理**と呼ぶ(4.3.3 項).

より一般の評価である(0.2)も,f, g ともに階段関数によって近似して極限を考えることで容易に証明できる.この評価は直観的には明らかだが,微積分学全体を通じて基本的な役割を果たす.

0.3　微分の直観的描像——微分は接線

0.3.1　正比例

最も基本的な関数は**正比例**(1.4.1 項),すなわち,実数 α を定数として x それぞれにその α 倍を対応させる関数 $y = \alpha x$ である.

これを x-y 座標に描けば,原点を通り**傾き**が α の直線になる.この傾きとは y の変化量を x の変化量で割ったもの,つまり x の単位変化量当たりの y の変化量で,x が 1 増加したときに y は α 変化する,という意味である.

したがって,傾きが正($\alpha > 0$)ならば右上がりの直線,傾きが負($\alpha < 0$)ならば右下がりの直線になる.また,傾きが 0($\alpha = 0$)の場合は,$y = 0$ だから水平な直線であり,常に値が 0 であるという定数関数である(図 4).

0.3.2　微分と微分係数

増減の様子を定量的に捉える最も基本的な考え方が正比例だから,複雑な関数の増減もこれと比較することで調べたい.今,連続な関数 f に対して,グラフ上の点 $(t, f(t))$ で**接線**が引けたとする(図 5).

このとき,この点の近くではこの接線が f のグラフの近似になっている.また,点 $(t, f(t))$ を原点として新たに座標を作れば,この接線は原点を通る一次関数,すなわち正比例になっている.おおまかに言えば,もとの関数に対し,この正比例を考えることが「微分」である.

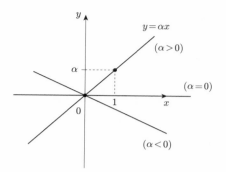

図 4 正比例 $y = \alpha x$ と傾き α

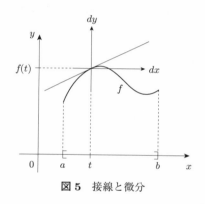

図 5 接線と微分

もとの x-y 座標に対して，この新たな座標の変数を dx, dy と書けば，関数 f のこの点の近くでの近似である正比例は，接線の傾きを α として，

$$dy = \alpha \, dx$$

と書ける．

この変数 dx, dy をそれぞれ x の**微分**，y の**微分**と呼び，また，もとの関数 $y = f(x)$ にこの正比例 $dy = \alpha \, dx$ を対応させることを，f を（t において）**微分する**と言う（5.1.3 項）．これが関数と関数の対応であることに注意せよ．

また，この傾き α のことを t における**微分係数**と呼び，$f'(t)$ もしくは

$\dfrac{df}{dx}(t)$ と書く. さらに, ある区間に含まれる各 t について微分係数 $f'(t)$ が定まるならば, この対応は t に $f'(t)$ の値を対応させる関数だと考えられる. これを f の**導関数**と呼び, 記号で f' や $\dfrac{df}{dx}$ または $\dfrac{d}{dx}f$ と書く (5.1.1 項).

以上の理解は積分を「面積」で理解したのと同様,「接線」の直観を利用したものであり, 本当のところ「接線」とは何か我々は知らないのだから, 数学的にはむしろ微分で接線が定義されるわけである. この微分の概念は極限を用いて厳密に定義される.

0.3.3 微分の近似の考え方

点 t における微分は微分係数 $f'(t)$ で決まる. この値を実際に得るための基本的な見積もりは, 区間における平均の変化率である.

ある区間 $[a,b]$ において, x が $\Delta x = b-a$ だけ増加する間に, f は $\Delta f = f(b)-f(a)$ だけ変化する. よって, 区間内での詳細は無視すれば, f は

$$\frac{\Delta f}{\Delta x} = \frac{f(b)-f(a)}{b-a}$$

の割合で変化したことになる. これを区間 $[a,b]$ での**平均変化率**と言う (5.1.2 項).

この区間で f があまり変動しないならば, この平均変化率は点 $t \in (a,b)$ での接線の傾き, すなわち微分係数 $f'(t)$ に近いだろう.

0.3.4 微分係数を求める

上の基本的な近似の精度を上げることによって, 微分係数 $f'(t)$ を求めることができる. それには, 点 t を含む十分に小さな区間を考えればよい.

小さな数 $\varepsilon \neq 0$ をとって小さな区間 $[t, t+\varepsilon]$ ($\varepsilon < 0$ なら $[t+\varepsilon, t]$) での f の増え方を調べよう. このとき, ε が小さいほどこの区間での平均変化率

$$\frac{\Delta f}{\Delta x} = \frac{f(t+\varepsilon)-f(t)}{\varepsilon}$$

は t での接線の傾きに近いだろう (図 6).

よって, もし $\varepsilon \to 0$ の極限が存在すればこの極限でもって

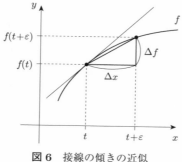

図 6　接線の傾きの近似

$$f'(t) = \lim_{\varepsilon \to 0} \frac{f(t+\varepsilon) - f(t)}{\varepsilon}$$

のように接線の傾き，すなわち微分係数が得られる．

　この見方からすれば微分係数とは無限に小さな区間での変化率，つまり瞬間の変化率である．これを直観的に書けば，小さな増分の比 $\frac{\Delta f}{\Delta x}$ に対して，無限に小さい増分すなわち「微分」の比 $\frac{df}{dx}$ が微分係数である．これが微分を "dx"，"df" という記号で書く理由であり[*1]，**無限小の変化量の世界では正比例の関係が成り立っている**ことを意味している．

0.3.5　微分と関数の局所的性質

　微分はある点での関数の局所的なふるまいを正比例で表現するのだから，関数の局所的な性質を微分を用いて研究することができる（5.4 節）．ここで言う「**局所的**」とは，ある点においてその点を含むいくらでも小さな区間で，すなわち無限に小さな区間で，成り立っている性質という意味である．

　微分の定義から，微分可能な関数 $f : [a, b] \to \mathbb{R}$ のある点 $z \in (a, b)$ での微分係数が正，すなわち $f'(z) > 0$ ならば，その点で局所的には関数 f は増大しており，逆に $f'(z) < 0$ ならば減少していて，$f'(z) = 0$ ならば一定値である．

　これはあくまで局所的な性質であって，ある区間全体における関数の増減な

---

*1　Δ（デルタ）は "D" に相当するギリシャ文字で "difference"（差分）の頭文字，d は "differential"（微分）の頭文字として，これらの記号に用いられることが多い．

どのふるまいを直接には意味しないが，その重要な手掛かりになる．この局所的な増減を正確に述べたものが**極値**の概念である(5.4.1項)．

0.3.6 微分の基本的評価と大域的な性質

上で見たのは関数の局所的な性質と微分の関係だったが，通常は，ある与えられた区間の中で関数がどのように増減し，どこで最大値や最小値をとるのか，といった**大域的**な性質が知りたい．それには，関数の局所的な性質を区間全体に拡げなくてはならない(6.3.1項)．その基本的評価が以下である．

ある区間 $[a,b]$ において，ある定数 m, M に対して常に

$$m \leq f'(x) \leq M$$

ならば，この区間における f の平均変化率はこの間にあるだろう．すなわち，

$$m \leq \frac{f(b)-f(a)}{b-a} \leq M$$

となるはずである．

この評価の典型的な応用として，もしある区間で常に $f'(x) \geq 0$ ならば f はこの区間で常に増大していることがわかる．このように微分の符号を調べることによって，関数の大域的なふるまいが研究できる(6.3.2項)．

より一般的な評価として，ある区間 $[a,b]$ 上で常に

$$f'(x) \leq g'(x)$$

ならば，この区間での f の平均変化率より g のそれの方が大きいはずである．すなわち，

$$\frac{f(b)-f(a)}{b-a} \leq \frac{g(b)-g(a)}{b-a}.$$

ゆえに，

$$f(b)-f(a) \leq g(b)-g(a).$$

この関係のことを**増分の不等式**と言う(6.3.3項)．

微分に関する以上の基本的評価と第0.2.5項で見た積分の基本的評価との

類似性は明らかだろう．実際，積分と微分の表裏一体の関係を主張する次の**微積分学の基本定理**によって，これらが同じ量的関係の表裏であることがわかる．

0.4　微積分学の基本定理

0.4.1　微積分学の基本定理 I：積分の微分

微積分学の基本定理の主張は，**微分と積分が互いに逆の関係にある**ことだが，これを分解すれば，ある関数の積分を微分するともとの関数に戻るということと（6.1.1項），微分を積分すればもとの関数になるということ（6.1.4項）の両面がある．まず前者から見よう．

区間 $[a,b]$ 上で定義された連続関数 $f(x)$ は，$t \in (a,b]$ に対して区間 $[a,t]$ においても連続だから，この区間の上での積分を考えることができる．

この積分は t ごとに値が定まるから，

$$F(t) = \int_a^t f(x)\,dx$$

と書けば，$F(t)$ は $[a,b]$ から実数への関数である．

この F の導関数を考えたい．それには，微分係数

$$F'(t) = \lim_{\varepsilon \to 0} \frac{F(t+\varepsilon) - F(t)}{\varepsilon}$$

を計算すればよい．

この分子は

$$F(t+\varepsilon) - F(t) = \int_a^{t+\varepsilon} f(x)\,dx - \int_a^t f(x)\,dx = \int_t^{t+\varepsilon} f(x)\,dx$$

となって，f の区間 $[t, t+\varepsilon]$（$\varepsilon < 0$ なら $[t+\varepsilon, t]$）上での積分に他ならない．

積分の定義に戻れば，この積分は底辺の幅 ε と標本点 $x \in [t, t+\varepsilon]$ での値 $f(x)$ によって $\varepsilon f(x)$ で近似されるのだった．そして，この底辺の幅 ε が無限に小さくなっていくと，f の連続性より $f(x)$ は $f(t)$ に近づいていくから，

$$F'(t) = \lim_{\varepsilon \to 0} \frac{\varepsilon f(x)}{\varepsilon} = f(t)$$

となる. F は f の積分であったから, f の積分を微分するともとの f に戻ることになる (6.1.1 項).

0.4.2 微積分学の基本定理 II：原始関数と微分の積分

$[a, b]$ 上の関数 f に対して, 導関数がこの f に一致するような関数 F, すなわち, どの点 $t \in [a, b]$ についても

$$F'(t) = f(t)$$

となる関数 F のことを, f の**原始関数**と言う (6.1.3 項).

前項の主張をこの言葉で言い換えれば, f の積分によって

$$F(t) = \int_a^t f(x)\,dx$$

で定めた関数 F は f の原始関数である. しかし, f に対してその原始関数はただ 1 つに定まるわけではない (一意的ではない).

与えられた f に対して, F も G も f の原始関数ならば $F' = G' = f$ だから, 任意の $t \in [a, b]$ について $F'(t) - G'(t) = 0$. よって, $H(t) = F(t) - G(t)$ も微分可能で $H'(t) = 0$ であり, H は t によらない定数関数. したがって f の原始関数は一意的ではないが, 定数の差があるにすぎない. つまり, f の原始関数 F は定数 c を用いて以下の形に書ける；

$$F(t) = \int_a^t f(x)\,dx + c.$$

これを F を中心に考えれば, $f = F'$ なのだから, ある関数の微分を積分すると (定数関数の差を除き) もとの関数に戻ることになる.

さらに, 積分の基本的な性質として, $s, t \in [a, b]$ について

$$\int_a^s f(x)\,dx + \int_s^t f(x)\,dx = \int_a^t f(x)\,dx$$

が成り立つことより,

$$\int_s^t f(x)\,dx = F(t) - F(s).$$

つまり, 関数 f の積分は積分範囲の両端の原始関数 F の差で表される (6.1.4

項).

0.4.3 微積分学の基本定理の意味

このように積分と微分が表裏一体の関係にあることが，微積分学の理論をさまざまなところで支えており，また，強力な応用を生み出す．基本定理による積分と微分の理論と応用が微積分学である．

無限に小さい量を積算することで全体的な量を求めるという積分のアイデア自体は古代ギリシャ時代に遡り，一般的かつ強力な手法である．しかし，具体的に与えられた関数の積分を積分の定義だけから求めることは難しく，ほとんどの場合はできない．

一方，微分の概念は物体の瞬間での，すなわち，無限に短かい時間間隔での運動を記述し，性質を調べることで，運動の全体像を調べようとする微分方程式(9章)の発想とともに十七世紀に生まれた．微分係数を求めること自体は機械的な極限計算であって難しくない．しかし微分の問題点は，あくまで局所的な，つまり瞬間的な量でしかないものを，いかにして一定の長さを持つ期間の性質に延長するかである．

以上，積分と微分が持つそれぞれの欠点を，微積分学の基本定理はそれぞれの利点を用いて解決する．すなわち，

- 微分が積分の逆演算であることを用いて，微分の計算公式を積分に用いることができ(6.2節)，
- 積分が微分の逆演算であることを用いて，局所的な性質を大域的に拡張することができる(6.3節)．

0.5 やっかいな問題たち

本節ではまえがきに述べた問題点について説明を加える．これは既に微積分学の一通りの内容を知っている視点からの解説だから，初学者は読み飛ばして第1章に進んでよい．

しかし，同じくまえがきに述べたように，初学者にとっても教える立場に身

を置き，微積分学の入門的なはずの内容のどこが，そしてなぜ難しいのか，簡単に眺めておくことは有益だろう．

0.5.1　実数論

微積分学の本質は数を別の数に無限に近づける極限の考え方なので，この操作が可能な数の世界を用意しなければならない．それが実数である（2.1 節）．

高校数学でのように，実数を厳密に定義せずに数直線の直観に基いて微積分学を展開することもありえるが，初歩の応用には十分でも，微積分の理論の礎には脆弱すぎるし，応用上も正しく適用できない．

実数を定義するにはおおむね，構成的と公理的の二つの行き方がある．前者では集合を用いて具体的に実数を構成する．これは具体的とは言え初学者にとって難解だし，構成した「実数」が，我々がよく知る実数の性質を持つことを示すのが面倒である．

後者の公理的な方法では，これこれの条件を満たすものを実数と言う，と宣言し，この条件だけを用いて微積分の理論を展開する．これは一見は好ましいが，公理を満たすものの存在を示すべきで，直観的な実数の抽象化だという意味づけだけでは十分でない．

いずれにせよ，厳密に実数を定義することは大仕事で，完全に論理的に実行するとなれば，初学者は微積分学の実質に入る前に疲れ果てることになりかねない．そこで，ある程度は厳密性を犠牲にしても，十分に論理的な基盤になるよう工夫しなければならない．

0.5.2　事実上の位相の内容，特に閉区間と開区間

初歩の微積分学で現れる実数の部分集合の多くは，2 つの実数 a, b で定まる区間，特に両端を含む閉区間 $[a, b]$ と両端とも含まない開区間 (a, b) である．この差は瑣末な問題に見えて，実際は本質的な差異をもたらす（2.3.1 項）．

この違いはいわゆる位相（general topology）の問題だが，微積分学の入門段階ではまだ位相を学んでいないので，位相の問題を位相の言葉を使わずに説明することになる．

閉区間の性質の最も重要な応用は，閉区間上の連続関数には最大値が存在す

る，という**最大値の定理**である（3.5 節）．最大値の定理は微積分学の礎石であ
るが，この定理は当然成立するように見えて証明は難しい．その理由は，この
定理の主張が実数の連続性に深く根差す上に，本質的に位相の性質だからであ
る．

閉区間と開区間の運用に関してもわずらわしい問題が発生する．例えば，大
抵の入門書ではまず閉区間上で積分を定義する．これは閉区間上の連続関数の
性質を用いるからで，そうでない区間での扱いはかなり面倒である．

また，微積分学の定理ではしばしば関数に対して，「閉区間 $[a, b]$ 上で連続
で開区間 (a, b) 上で微分可能」と仮定する．これは各区間の性質を最大限に用
いるためである．条件を閉区間にそろえればすっきりするが，$[0, 1]$ 上の $\sqrt{x}$
のような簡単な関数すら仮定を満たさない（$x = 0$ で微分できない）．

これらの問題は色々な方法で解決できるものの，個別に対応するのも一般的
に扱うのもかなり面倒なので，応用に十分な程度に条件を強めたり，設定を限
定するなどの方法で簡略化することが多い．

0.5.3　平均値の定理の扱い方

ここで言う**平均値の定理**は以下の主張のことである．

定理 0.1（（微分の）平均値の定理）　関数 f が閉区間 $[a, b]$ 上で連続，かつ開区
間 (a, b) で微分可能ならば，以下の等式を満たす $\xi \in (a, b)$ が存在する；

$$\frac{f(b) - f(a)}{b - a} = f'(\xi). \qquad \qquad \square$$

この定理は，局所的な微分の性質を大域的に拡げるために用いる．例えば，
微分係数の符号によって関数の増減を調べたり，また，微積分学の基本定理の
証明にも用いられる．よって，微積分学の背骨とも言える重要な定理である．

しかし，この定理には批判も根強い．主な理由は，定理を使うほとんどの場
面で必要なのは不等式評価なのに，それを ξ の存在で述べていること，その
ため一変数の実数値関数でしか意味がないことである．

そこで上の定理を，微分の大域的な基本的性質，例えば，「任意の $x \in (a, b)$
について $f'(x) \geq 0$ ならば，$f(a) \leq f(b)$ である」といった増分の不等式の形で

述べたもので代用することが考えられる.

このような増分の不等式は平均値の定理と同様に微分の定義から直接導くこともできるし,(やや強い仮定をおけば)微積分学の基本定理を通じて積分型の平均値の定理から導くこともできる[*2](6.3.3 項).

おそらく増分の不等式を基礎におく方が解析学の理論として自然で,一般化のためにも望ましい.しかし,平均値の定理を一貫して用いる教程はそれなりに完成し,洗練されているため,ほとんどの入門書で伝統的に用いられている.

0.5.4 積分の再定義とリーマン積分

区間上で定義された関数に対して,区間を分割し,各小区間に選んだ点での関数値と小区間の幅の積の総和のことを**リーマン和**と言う(0.2.3 項での S_n).この区間の分割を無限に細かくしたときの極限が**リーマン積分**である.これ自体は自然なアイデアだが,問題は「**分割を細かくした極限**」の意味である.

リーマン和は区間の分割数だけではなく,区間の分割方法と分割した小区間での標本点の選び方にも依存しているが,これらに依存せずに収束することをもってリーマン積分を定義する.この収束の議論は初学者にとって学んだばかりの極限の概念とは前提が異なり,トリッキーで難しい.

さらに,二十世紀になってルベーグ積分の概念が登場した結果,リーマン積分の適用範囲の狭さや応用の不便さが目立つことにもなった.「せいぜいが測度と積分の理論の中程度の演習」(ディユドネ [8])と切り捨てるのは極論としても,一般的かつ厳密にリーマン積分を定義し用いることは,労多くして益少なし,の印象を持つ専門家は多いのではないか.とは言え,微積分学入門でルベーグ積分論を展開するわけにもいかない.

以上の理由から,厳密性か一般性をいくらか犠牲にするか,できるだけ明解に説明するよう技術的な工夫をするか,少数派ではあるがリーマン積分以外の方法で積分を定義するか(4.1 節),のいずれかが選ばれる.

[*2] ただし,微積分学の基本定理を証明するため,区間で $f'(x) = 0$ ならば f はその区間で定数関数であることだけは,先に導いておく必要がある.

0.5.5 初等的な超越関数の再定義

微積分学を応用する対象であるさまざまな初等的な超越関数をより厳密なマナーで導入しなおすことも，通常は微積分学入門の範囲に含まれる(7章)．

指数関数と対数関数や三角関数は古来我々に身近な概念を関数化したもので，理論的にも重要である上に，広く強力な応用を持つ超越関数である．しかし，これらの厳密な定義はやさしくない．

例えば，指数関数を導入する自然な方法は，実数の連続性を用いて有理数からの極限でもって実数冪乗を定義することだが，この議論は標準的とは言え，厳密さを追求すればかなり面倒なことになる．

また，三角関数を自然に定義して基本的性質を簡単に導くためには「角度」や「弧長」などの幾何学的直観が必要だが，この直観を厳密な論理で担保するには，その前に微積分学の教程のかなり先まで済ませなければならない．

しばしば見られる解決方法は，以下のようにテイラー展開(8.3.5項)を逆に定義として採用してしまう方法である：

$$e^x = 1 + x + \frac{x^2}{2!} + \frac{x^3}{3!} + \cdots, \quad \sin(x) = x - \frac{x^3}{3!} + \frac{x^5}{5!} - \frac{x^7}{7!} + \cdots.$$

この定義は簡潔だが，無限級数の理論と関数の収束概念を準備しておく必要があるし，これらが指数関数や三角関数として我々がよく知っている性質を持つことを示すのが難しい．また，この方法は本質的に複素関数論の世界で真の力を発揮するので，隔靴掻痒の感を免れない．

このように超越関数を十分に厳密に，かつ手短かに導入するという課題は困難で，三角関数については特に難しい．

問題 0.2 微積分学の入門書をいくつか選び，本節で述べた5つの課題(実数/区間/平均値の定理/積分/超越関数)がどのように扱われているか調べよ．   ▯

1 集合，写像，数列と関数

1.1 集 合

1.1.1 集合と元

ものの集まりを**集合**と言い，この「もの」をその集合の**元**，または要素と言う．集合を表す最も簡単な方法として，この「もの」をかっこ "{ }" の中に並べて書く．

例えば，以下の集合 A は 5 個の元を持つ集合であり，1 や 2 はこの A の元である：

$$A = \{1, 2, 3, 4, 5\}.$$

集合は無限に多くの元を持ってもよい．例えば，自然数全体の集合 $\mathbb{N}$ は

$$\mathbb{N} = \{1, 2, 3, 4, \dots\}$$

と表され[*1]，2 や 17 や 2000 は $\mathbb{N}$ の元である（"$\dots$" の書き方はやや曖昧だが，そのあと同様に無限に続く，の意味）．

x が集合 X の元であることを，記号 "$\in$" を用いて $x \in X$ と書く．また，元ではないことを記号 "$\notin$" で書く．同じことを逆向きに $X \ni x$ や $X \not\ni x$ のように書くこともある．

例えば，上の集合 A に対して，

$$2 \in A, \quad 4 \in A, \quad 8 \notin A, \quad 3.5 \notin A, \quad \sqrt{2} \notin A.$$

我々がすでによく知っている集合としては，整数全体の集合 $\mathbb{Z}$ や有理数全体の集合 $\mathbb{Q}$，実数全体の集合 $\mathbb{R}$ がある．また 1 つも元を持たない集合を**空集**

[*1] 0 を自然数に含める流儀もある．本書では 0 以上の整数のことは「非負の整数」と呼ぶ．

合と呼んで，$\emptyset$ と書く．

　集合の元は自然数や実数のような数に限らず，さまざまな数学的対象でありうる．例えば，集合 $\{\emptyset, \{1\}, \{2\}, \{1, 2\}\}$ は数の集合の集合である．

1.1.2　条件を用いた集合の記法

　集合の元を "$\{\ \ \}$" の中に並べて書く他の記法として，その集合の元であるための条件で述べる方法がある．その場合，条件を述べるための変数を前に書き，区切り*2のあとにその変数を用いた条件を書く．

　例えば，前項の集合 $A = \{1, 2, 3, 4, 5\}$ を「自然数であって，かつ，1 以上 5 以下のもの」という意味で

$$A = \{x : x \in \mathbb{N}, 1 \leq x \leq 5\}$$

と書く．このように条件を "," で並べて書いたときは，特に断わらない限り，すべての条件を満たすという意味である．

　上と同じことを，少し省略して

$$A = \{x \in \mathbb{N} : 1 \leq x \leq 5\}$$

のようにも書く．

　また，条件の区切りの前に書く変数を，変数を含む表現にする記法もしばしば便利である．例えば，

$$E = \{2x : x \in \mathbb{N}\}$$

は自然数 x の 2 倍，$2x$ 全体の集合だから，偶数の自然数全体の集合を表す．

1.1.3　集合と集合の基本的関係

　記号 "$\in$" は元と集合の関係だが，2 つの集合 X, Y の間の関係として，X のどの元も Y の元であるならば，X は Y の**部分集合**である，と呼んで，記号 "$\subset$" を用いて $X \subset Y$ と書く．同じことを逆向きに $Y \supset X$ と書いてもよい．

---

*2　条件の前の区切りには "$|$" や "$;$" を使う流儀もあるが，本書では "$:$" を用いる．

　例えば，上の集合 $A = \{1, 2, 3, 4, 5\}$ と自然数全体 $\mathbb{N}$ について，A のどの元も自然数だから，$A \subset \mathbb{N}$ である．また，自然数は整数であり，整数は有理数であり，有理数は実数だから，

$$\mathbb{N} \subset \mathbb{Z}, \quad \mathbb{Z} \subset \mathbb{Q}, \quad \mathbb{Q} \subset \mathbb{R}.$$

同じことを以下のようにまとめて書くこともある：

$$\mathbb{N} \subset \mathbb{Z} \subset \mathbb{Q} \subset \mathbb{R}.$$

　2つの集合 X, Y について，$X \subset Y$ かつ $Y \subset X$ ならば，X と Y は**等しい**と呼んで $X = Y$ と書く．また，そうでないとき X, Y は等しくないと呼んで $X \neq Y$ と書く．

　ここで $X \subset Y$ は $X = Y$ である場合も含んでいることに注意せよ．特に，$X \subset Y$ だが $X \neq Y$ であることを強調したいときには，X は Y の**真部分集合**である，と言う．

例題 1.1　どんな集合 A でも $A \subset A$ である．また，空集合 $\emptyset$ はどんな集合 A についてもその部分集合で $(\emptyset \subset A)$，$\emptyset \subset \emptyset$ でもある．これらを納得せよ．　　　　⬚

1.1.4　論理と集合：「かつ」，「または」，「～でない」

　集合 A, B について $A \subset B$ であるということは，x が A の元**ならば**（つまり集合 A で表される性質を持てば）B の元である（B で表される性質も持つ），とも言い換えられる．この「ならば」は数学的な内容を述べるための基本的な言葉遣いである．

　この他に，数学で用いられる論理の言葉として，「**かつ**」，「**または**」，「**～でない**」，があり，これらは集合の基本的な演算でもある．

　2つの集合 A, B に対して，A の元でもあり，かつ，B の元でもあるものの集合を A, B の**共通部分**と言い，

$$A \cap B = \{x : x \in A \text{ かつ } x \in B\}$$

のように記号 "$\cap$" で書く（1.1.2項で既に述べたように，この右辺のように条

件を書き並べたときの「かつ」はしばしば省略する）．

また，A の元であるか，または，B の元であるものの集合を A, B の**和集合**と言い，

$$A \cup B = \{x : x \in A \text{ または } x \in B\}$$

のように記号 "$\cup$" で書く．

日常では多くの場合，「または」は「どちらか一方だけ」を含意するが，数学用語の「または」は「少なくとも一方」，つまり「あれか，これか，その両方か」の意味である．

例 1.2　$A = \{x \in \mathbb{R} : 1 \leq x \leq 3\}, B = \{x \in \mathbb{R} : 2 \leq x \leq 4\}$ に対し，共通部分と和集合はそれぞれ，

$$A \cap B = \{x \in \mathbb{R} : 2 \leq x \leq 3\}, \quad A \cup B = \{x \in \mathbb{R} : 1 \leq x \leq 4\}. \qquad \Box$$

また，A の元のうち B の元ではないものの集合を A, B の**差集合**と呼んで以下のように書く；

$$A \setminus B = \{x : x \in A, x \notin B\}.$$

もちろん $A \setminus B \subset A$ だから，差集合には順序があり，一般には $A \setminus B$ と $B \setminus A$ は等しくない．

例 1.3　上の例 1.2 の A, B について

$$A \setminus B = \{x \in \mathbb{R} : 1 \leq x < 2\}, \quad B \setminus A = \{x \in \mathbb{R} : 3 < x \leq 4\}. \qquad \Box$$

なお，特にある集合 T を固定して，考えたい集合がすべて T の部分集合である場合には（例えば $T = \mathbb{R}$），この T を全体集合と呼び，部分集合 $A \subset T$ に対し，$T \setminus A$ を A^c と書いて A の**補集合**と言う．集合 A の補集合 A^c とは A の元ではない元の集合だから，「～でない」という論理の言葉に対応している．

例 1.4　上の例 1.2 の $A = \{x \in \mathbb{R} : 1 \leq x \leq 3\}$ について

$$A^c = \{x \in \mathbb{R} : x \notin A\} = \{x \in \mathbb{R} : x < 1 \text{ または } x > 3\}.$$ □

例題 1.5 日常用語での「A または B」，つまり集合 A, B のどちらか一方にだけ属する元の集合を A, B の対称差と呼び，$A \triangle B$ と書く．これを共通部分，和集合，補集合，差集合などの記号で書き表せ． □

例題 1.6 上では補集合を差集合で書いて定義した．この逆に差集合を補集合で書け．（ヒント：$A \setminus B$ は A の元であって，かつ B の元でないものの集合） □

1.1.5 「任意の」と「存在」

上で見た「ならば」，「かつ」，「または」，「〜でない」と同じく基本的な論理の言葉として，「**任意の**」と「**存在**」がある．

ある集合 A のすべての元についてある性質が成り立つことを，「A の任意の元について〜が成り立つ」と言う．また，A の少なくとも 1 つの元について成り立つことを，「A の元に〜が成り立つものが存在する」と言う．もちろん，その性質が成り立つ A の元はただ 1 つでも，2 つでも，すべての元でもよい．

これに対して，**ただ 1 つだけ存在する**ことを強調したい場合は，「**一意に**」，あるいは「**一意的に**」存在するなどと言う[*3]．

例えば，2 つの集合 A, B について $A \subset B$ とは，A の任意の元が B の元であることである．また，A が B の真部分集合であるとは，$A \subset B$ である上に，$b \notin A$ であるような $b \in B$ が存在することである．

1.2　写　像

1.2.1　写　像

集合 X の元のそれぞれを集合 Y のいずれかの元に対応させるものを X から Y への**写像**と言い，その写像を φ とすれば，これを

[*3]　ちなみに，「一意（的に）」は英語「ユニーク（unique(ly)）」の訳語である．

$$\varphi : X \to Y$$

と書く．この集合 X を φ の**定義域**，Y を**終域**と言う[*4]．

この写像 φ によって，X の元 x が Y の元 y に対応することを，

$$\varphi : x \mapsto y \quad \text{または} \quad y = \varphi(x)$$

と書く．これを写像 φ は $x \in X$ を $\varphi(x) \in Y$ に**写す**，または，φ による x の**値**は $\varphi(x)$ である，とも言う．記号 "$\to$" と "$\mapsto$" の違いに注意せよ．前者は集合から集合への対応，後者はそれらの元から元への対応である．

また，**定義域のどの元についても終域の元の 1 つが対応させられていること**，および，**定義域のどの元にも対応させられない終域の元があっても許される**ことに注意せよ．

例 1.7 $X = \{1, 2, 3, 4\}$ から $Y = \{0, 1, 2\}$ への写像 φ が

$$\varphi : 1 \mapsto 1, \quad 2 \mapsto 0, \quad 3 \mapsto 1, \quad 4 \mapsto 0$$

あるいは別の書き方をすれば，

$$\varphi(1) = 1, \quad \varphi(2) = 0, \quad \varphi(3) = 1, \quad \varphi(4) = 0$$

で定められているとする（図 1.1）．

このとき，X のすべての元 $1, 2, 3, 4$ について，行き先である Y の元がそれぞれに 1 つずつ定まっている．これが φ が写像であることの意味である．

$1, 3 \in X$ は同じ元 $1 \in Y$ に写されているし，$2, 4 \in X$ は同じ元 $0 \in Y$ に写されているが，これは写像として許される．しかし，X の 1 つの元を Y の複数の元に対応させることはない．また，$2 \in Y$ に対応させられている X の元は存在しないが，これも許される．　　　　　　　　　　　　　　　　　　　□

[*4]　定義域のことを「始域」と言う流儀もあり，「始域/終域」という対応は好ましいが，より一般的に用いられている「定義域」を本書では用いる．また，終域のことを「値域」と呼ぶ流儀もあるが，「値域」は他の意味だけに用いるため確保しておく（1.2.2 項）．

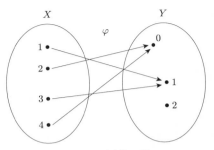

図 1.1 写像の例

1.2.2 写像の良い性質：全射と単射

写像 $\varphi: A \to B$ においては，定義域 A のどの元にも対応させられない終域 B の元があってもよい．しかし，終域のすべての元に写っていれば，特に好ましい性質である．また，A の異なる 2 つの元が B の同じ元に写ってもよい．しかし，異なる元が常に異なる元に写されるなら，これも特に好ましい．

これらの状況を正確に述べるため，まず言葉を用意する．定義域の部分集合 $D(\subset A)$ の元を φ で写した値の集合

$$\{\varphi(x) \in B : x \in D\}$$

のことを φ による D の**像**と言い，$\varphi(D)$ と書く[*5]．また，特に定義域全体 A の像 $\varphi(A)$ を φ の**値域**と言う．

値域は終域の部分集合だが，特に値域と終域が一致しているとき $(\varphi(A) = B)$，この写像を**全射**と言う．

また，ある写像 $\varphi: A \to B$ について $x, y \in A$ が $x \neq y$ ならば常に $\varphi(x) \neq \varphi(y)$ であるとき，φ は**単射**である，と言う．

さらに，ある写像が全射であり，かつ単射でもあるとき，この写像は**全単射**である，と言う．全単射では，定義域の元の 1 つ 1 つが，終域の元の 1 つ 1 つとそれぞれ対になっているので，全単射のことを**1 対 1 写像**とも言う．

[*5] 写像と像に同じ記号を用いるのは好ましくないが慣用である．第 1.2.4 項で逆写像と逆像に同じ記号を用いるのも同様．

例題 1.8   全射であるが単射ではない例，単射ではあるが全射ではない例を具体的に作れ．   □

1.2.3   写像の合成

2つの写像 $\varphi: A \to B$, $\psi: C \to D$ について，ψ の値域が φ の定義域の部分集合である場合，つまり $\psi(C) \subset A$ であるとき，$x \in C$ を ψ によって $y = \psi(x) \in \psi(C)(\subset A)$ に写し，さらに φ によって $\varphi(y) = \varphi(\psi(x)) \in B$ に写せる．

これを写像 φ と ψ の**合成**，または**合成写像**と呼び，$\varphi \circ \psi: C \to B$ と書く．写像 ψ を施した結果に φ を施すことを $\varphi \circ \psi$ と書くのは，一見，順序が逆のようだが，写像の記法 $\varphi(\psi(x))$ にあわせたものである．

当然ながら合成には順序の区別がある．$\psi \circ \varphi$ と $\varphi \circ \psi$ とは一般には異なる写像であり，そもそも定義域からして一致していない．

1.2.4   写像の逆

写像 $\varphi: A \to B$ が A の元 x を B の元 $y = \varphi(x)$ に写すのに対し，この逆向きの対応 $y = \varphi(x) \mapsto x$ を考えたいことがある．これが写像であるには，各 $y \in B$ について $y = \varphi(x)$ となる $x \in A$ が1つずつ存在しなくてはならない．つまり，φ が全単射であるとき，かつそのときに限り写像として定義できる．この写像を φ の**逆**もしくは**逆写像**と言い，φ^{-1} と書く．

$$\varphi: A \to B, \quad A \ni x \mapsto y = \varphi(x) \in B,$$
$$\varphi^{-1}: B \to A, \quad B \ni y = \varphi(x) \mapsto x = \varphi^{-1}(y) \in A.$$

また，写像 $\varphi: A \to B$ と終域の部分集合 $D \subset B$ に対して，D の元に写るような A の元の全体を $\varphi^{-1}(D)$ と書いて，φ による D の**逆像**と言う．

$$\varphi^{-1}(D) = \{x \in A : \varphi(x) \in D\}.$$

写像 $\varphi: A \to B$ の逆写像は φ が全単射であるときしか定義できないが，逆像はどんな写像に対しても，終域のどんな部分集合についても定義できることに注意せよ．例えば，ある $D(\subset B)$ について $\varphi(x) \in D$ となる $x \in A$ が1つも存在しなくても，$\varphi^{-1}(D) = \emptyset$（空集合）と定義される．

1.3 数列と関数

1.3.1 数 列

数を起点から一列に無限に並べたものを**数列**と言う. 例えば,

$$2, 4, 6, 8, 10, \ldots\ldots$$

のように正の偶数を小さい方から無限に並べたものは数列である.

この例は1番目を2に, 2番目を4に, 3番目を6に……と対応させていると考えられる. つまり, 数列とは $\mathbb{N}$ を定義域, $\mathbb{R}$ を終域とする写像である.

上の例は各自然数にその2倍を対応させているから, この写像を $s : \mathbb{N} \to \mathbb{R}$ と書けば,

$$s : 1 \mapsto 2, \quad 2 \mapsto 4, \quad 3 \mapsto 6, \quad \ldots\ldots$$

または別の書き方をすれば,

$$s(1) = 2, \quad s(2) = 4, \quad s(3) = 6, \quad \ldots\ldots$$

であるし, これを変数 $n \in \mathbb{N}$ を用いて,

$$s : n \mapsto 2n \quad \text{または} \quad s(n) = 2n$$

とまとめて書くこともできる.

また, $s(n)$ を s_n のように添え字を用いて簡便に書くこともある.

$$s(1), s(2), s(3), \ldots \quad \text{または} \quad s_1, s_2, s_3, \ldots.$$

さらに, 集合の記号を援用してこの数列全体を $\{s(n) : n \in \mathbb{N}\}$ や $\{s_n\}_{n \in \mathbb{N}}$ のように書くが, 誤解がない場合は単に $\{s_n\}$ のように略記する. この書き方の便利な応用として, $\{s_n\}$ が集合 A の元の列であること(各 $n \in \mathbb{N}$ について $s_n \in A$)を $\{s_n\} \subset A$ のように部分集合の記法で示すことがある.

1.3.2 関 数

数列は $\mathbb{N}$ を定義域とする写像だったが，実数全体 $\mathbb{R}$ やその部分集合を定義域として具体的な対応が与えられている写像は**関数**と呼ばれることが多い．

例えば，実数 x に対してその 2 倍，$2x$ を対応させる写像，すなわち $x \mapsto 2x$，別の書き方では $f(x) = 2x$ で定まる写像 $f : \mathbb{R} \to \mathbb{R}$ は関数である．

この関数 f で 1 は $f(1) = 1 \times 2 = 2$ に写り，$\sqrt{2}$ は $f(\sqrt{2}) = \sqrt{2} \times 2 = 2\sqrt{2}$ に写る．他のどの数もこのように 2 倍した数に写ることを，x という変数を使って，$x \mapsto 2x$ や $f(x) = 2x$ と表現するのである．

1.3.3 定義域としての区間

関数の定義域になる $\mathbb{R}$ の部分集合として特に重要なものは，実数 $a < b$ によって範囲を定めた，

$$\{x \in \mathbb{R} : a \leq x \leq b\} \quad \text{や} \quad \{x \in \mathbb{R} : a < x < b\}$$

のような部分集合である．この前者を**閉区間**と呼び $[a, b]$ という記号で書き，後者は**開区間**と呼んで (a, b) と書く．

つまり，両方の端点を含む場合が閉区間，両方とも含まない場合が開区間だが，片方だけを含む場合は半開半閉区間と呼んで，以下のように書く：

$$(a, b] = \{x \in \mathbb{R} : a < x \leq b\}, \quad [a, b) = \{x \in \mathbb{R} : a \leq x < b\}.$$

また，1 つの実数 a だけで定まる以下のような部分集合も，**無限大**(∞) や**負の無限大**$(-\infty)$ とで定まる区間と考えて，以下のように書く：

$$[a, \infty) = \{x \in \mathbb{R} : a \leq x\}, \quad (a, \infty) = \{x \in \mathbb{R} : a < x\},$$

$$(-\infty, a] = \{x \in \mathbb{R} : x \leq a\}, \quad (-\infty, a) = \{x \in \mathbb{R} : x < a\}.$$

同様に $\mathbb{R}$ 全体も $(-\infty, \infty)$ という区間である．以上をすべてあわせて区間と呼ぶ．

なお，区間 I からいくつかの元 $a_1, \ldots, a_n \in I$ を除いた部分集合 J を定義域に用いたいことがある．この場合には差集合（1.1.4 項）の記号を用いて，$J = I \setminus \{a_1, \ldots, a_n\}$ のように書く．

1.3.4　単調増加と単調減少

関数の性質の中で特に興味があるのは，その値の増減のありようである．

実数の部分集合 D 上で定義された関数 $f: D \to \mathbb{R}$ が，$x < y$ を満たす任意の $x, y \in D$ について $f(x) \leq f(y)$ を満たすとき，f は D 上で**単調(に)増加する**，または**単調増加(関数)**である，と言う．

この $f(x) \leq f(y)$ の条件に等号 "=" も含まれていることに注意せよ．よって，D 内のある範囲で f が一定値をとる場合も含まれるし，極端な例としては定数関数(1.4.1 項)も単調増加関数である．

さらに強く，任意の $x < y$ について等号を含まず $f(x) < f(y)$ であることを強調したい場合には，f は**狭義に単調に増加する**，または**狭義単調増加(関数)**であると言う．

増加と反対に減少についても，$x < y$ を満たす任意の $x, y \in D$ について $f(x) \geq f(y)$ を満たすとき，f は D 上で**単調(に)減少する**，または**単調減少(関数)**であると言う．

また同様に，任意の $x < y$ について等号を含まず $f(x) > f(y)$ であることを強調したい場合には，f は**狭義に単調(に)減少する**，または**狭義単調減少(関数)**であると言う[*6]．

なお，定義域 D 全体ではなく，ある $D' \subset D$ において上のような性質が成り立つときにも，f は D' 上で単調増加/減少である，狭義単調増加/減少である，などと言う．

狭義単調増加(減少)の概念の重要な応用の一つは，逆写像との関係である．今，関数 $f: D \to \mathbb{R}$ が狭義単調増加(減少)ならば，任意の $x \neq y$ について $f(x) \neq f(y)$ だから単射である．よって，f の終域を値域 $f(D)$ と考えれば全単射になって，逆写像 $f^{-1}: f(D) \to \mathbb{R}$ が定義できる．この f^{-1} のことを f の**逆関数**と呼ぶ．

例題 1.9　定義域が閉区間，または開区間であるとき，単調増加関数と狭義単調増加関数のグラフのさまざまな概形を描き，逆関数との関係も観察せよ．　◻

---

*6　狭義単調増加/減少のことを「狭義」をつけずに単に「単調増加/減少」と呼び，その代わり本書の意味での単調増加/減少のことを「単調非減少/非増加」と呼ぶ流儀もある．

1.4   簡単な関数の例

1.4.1   一次関数と正比例，定数関数

ある実数 $a \neq 0$ と b を変化しない定まった数，つまり定数として，$f(x) = ax + b$ という関係，すなわち x の一次式で定まる関数 $f : \mathbb{R} \to \mathbb{R}$ を**一次関数**と言う．定義域は実数全体に限らず，それ以外の区間の場合もある．

この a を**傾き**，b を**切片**と言う．$b = 0$ の場合は $f(x) = ax$ となって，この関数は**正比例** $x \mapsto ax$ である．

なお，$a = 0$ の場合は $f(x) = b$ となって，定義域のすべての元を終域の同じ 1 つの元 $b \in \mathbb{R}$ に対応させる写像である．これを**定数関数**と言う．

関数の様子を直観的に見てとるには，**グラフ**が便利である．関数 $y = f(x)$ のグラフとは，x-y 座標に点 $(x, f(x))$ をプロットすることで関数の $x \mapsto y = f(x)$ の対応を図示したものである．

例えば，$y = 2x + 3$ という一次関数ならば，

$$0 \mapsto 2 \times 0 + 3 = 3, \quad 1 \mapsto 2 \times 1 + 3 = 5, \quad 2 \mapsto 2 \times 2 + 3 = 7$$

のように写しているから，$(0, 3), (1, 5), (2, 7)$ などの座標の点をプロットすることになる．これをすべての点について考えれば，以下のような直線のグラフになる（図 1.2）．

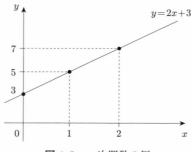

図 1.2　一次関数の例

この直線の傾き，つまり x が 1 増加する間に y が増加する量は 2 であること，y 軸と $(0, 3)$ で交わっていることに注意せよ．これが一次関数 $y = ax + b$

(今は $a=2$, $b=3$)に対して, a を傾き, b を切片と呼ぶ理由である.

　$a=0$ の定数関数の場合も(一次関数とは言えないが), そのグラフは傾き 0 で切片 b の直線である.

例題 1.10　狭義単調増加する関数とその逆関数(1.3.4 項)のグラフを x-y 座標に描くと, 直線 $y=x$ に対して線対称になっていることを確認せよ. また, f が狭義単調増加ならば f^{-1} も狭義単調増加することを観察せよ.　　　□

1.4.2　反比例

　2 つの量 x,y が互いに他方の逆数に正比例していること, つまり, $a\in\mathbb{R}$ を 0 でない定数として $y=\dfrac{a}{x}$ と表される関係を**反比例**と言う.

　この対応 $f(x)=\dfrac{a}{x}$ によって関数 $f:\mathbb{R}\setminus\{0\}\to\mathbb{R}$ を定めることができる. 例えば, $a=1$ の場合, $y=f(x)=\dfrac{1}{x}$ のグラフは以下のようになる(図 1.3).

　この定義域としてある区間や区間から 0 を除いた集合を考える場合もあるが, いずれにせよ, 0 による除算を避けるため定義域には 0 を含めない.

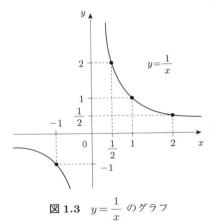

図 1.3　$y=\dfrac{1}{x}$ のグラフ

1.4.3　二次関数

　実数 $a\neq 0$ と b,c を定数として $f(x)=ax^2+bx+c$ で定まる関数 $f:\mathbb{R}\to\mathbb{R}$ や区間 I に対して $f:I\to\mathbb{R}$ を**二次関数**と言う. 例えば, $f(x)=x^2+2x+3$ や

$f(x) = x^2 - 1$ は二次関数である.

平方完成と呼ばれる変形

$$ax^2 + bx + c = a \left(x + \frac{b}{2a} \right)^2 + c - \frac{b^2}{4a}$$

より，一般的な二次関数 $f(x) = ax^2 + bx + c$ は $y = ax^2$ を x 軸側で $\dfrac{b}{2a}$ だけ左にずらしたもの，y 軸側で $c - \dfrac{b^2}{4a}$ だけ上にずらしたものだから，基本的な二次関数 $y = ax^2$ に帰着する.

そしてこの ax^2 は x^2 を a 倍したにすぎないから，$y = x^2$ についてわかればよい. この最も基本的な二次関数 $y = x^2$ を x-y 座標にプロットすれば図 1.4 のグラフのようになり，この形は放物線と呼ばれている. $a < 0$ のときは x 軸に対して上下を逆にして，a の絶対値 $|a|$ 倍したものになる.

例題 1.11　二次関数 $f(x) = x^2 + x + 1$ のグラフの概形を描け.　　　　　　□

1.5　有理関数

1.5.1　冪関数（冪指数が自然数の場合）

自然数 n に対し，実数 x の n 個の積 x^n を「x の n 乗」と呼ぶ. また，対応 $x \mapsto f(x) = x^n$ で定まる関数 $f : \mathbb{R} \to \mathbb{R}$ や区間 I に対して $f : I \to \mathbb{R}$ を（**冪指数が n の**）**冪関数**と言う.

冪指数 $n = 1$ の場合，すなわち $f(x) = x$ は傾き 1 で切片 0 の一次関数であり（1.4.1 項），$n = 2$ の場合，すなわち $f(x) = x^2$ は上で見た最も簡単な二次関数である（1.4.3 項）.

$f(x) = x^n$ のグラフの概形は実数の n 乗の大小関係から容易にわかる. 実際，関数 $f(x) = x^n$ に対し，x-y 座標における $y = f(x)$ のグラフの概形は，図 1.4 のようになる.

このグラフで注意すべき点は，n が偶数であるか奇数であるかによって概形が異なること，n によらず必ず通る点があること，そして，同じ n と異なる x に対する x^n の値の大小関係と，同じ x と異なる n に対する大小関係である. このどれも x^n が x の n 個の積であるという定義から直ちに確認できる.

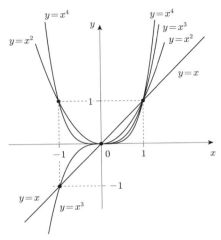

図 1.4 $y = x^n$ のグラフ

例えば，$0 \leq s \leq t$ ならば $s^n \leq t^n$ であるし，$n \leq m$ ならば $x \geq 1$ のとき $x^n \leq x^m$ だが，$0 < x < 1$ のときは $x^n \geq x^m$ など．

1.5.2 関数の基本的な演算

一般的な写像と異なって実数に値をとる関数については，関数の値に実数の演算を施せるから，定義域が同じ関数たちの演算を関数の値の演算として自然に定義することができる．

例えば，2つの関数 $f, g : D \to \mathbb{R}$ について，$x \mapsto f(x) + g(x)$ という対応で新しい関数が定義でき，これを同じ加法の記号を用いて $f + g : D \to \mathbb{R}$ と書く．積や商についても同様だが，ただし商については 0 による除算を避けるために，分母が 0 になるような点を定義域から除く必要がある．

このように実数の演算に対し，関数についても同じ演算を施すことができ，通常は同じ演算の記号を援用する．

1.5.3 多項式と有理関数

前項の関数の演算の意味で冪関数たちの定数倍の和を多項式関数と言う．また，多項式関数の商を有理関数と呼ぶ．以下これをより具体的に定義しよう．

非負の整数(つまり 0 以上の整数) n と定数 $a_0, a_1, \ldots, a_{n-1} \in \mathbb{R}$ と 0 でない定数 $a_n \in \mathbb{R}$ に対して，

$$f(x) = a_n x^n + a_{n-1} x^{n-1} + \cdots + a_1 x + a_0$$

のことを変数 x の n 次の**多項式**と言う($n=0$ の場合は $f(x)=a_0$).

この多項式を用いて $x \mapsto f(x)$ の対応で定まる関数 $f: \mathbb{R} \to \mathbb{R}$ や区間 I に対して $f: I \to \mathbb{R}$ を n 次の**多項式関数**，または単に，**n 次関数**と呼ぶ．例えば，$f(x)=x^3+x^2+x+1$ や $g(x)=5x^9-3x$ は多項式関数であり，前者 $f(x)$ は 3 次関数，後者 $g(x)$ は 9 次関数である．

また，定数関数，一次関数(1.4.1 項)，二次関数(1.4.3 項)はそれぞれ $n=0,1,2$ の特別な場合である．

また，非負の整数 n, m に対し，n 次多項式 $P(x)$ と m 次多項式 $Q(x)$ で $x \mapsto f(x) = \dfrac{P(x)}{Q(x)}$ で定まる関数 $f: D \to \mathbb{R}$ を**有理関数**と言う．ここで定義域 D は実数全体 $\mathbb{R}$ や区間 I から $Q(x)=0$ となる点を除いた部分集合，すなわち，$D = \{x \in I : Q(x) \neq 0\}$.

もちろん，冪関数と多項式関数も有理関数であるし($Q(x)$ が定数関数のとき)，反比例(1.4.2 項)も有理関数である($P(x)$ が定数関数，$Q(x)=x$ のとき).

1.6 代数関数

1.6.1 冪関数(冪指数が 0 または負の整数の場合)

冪関数(1.5.1 項)の冪指数 n は自然数だとしてきたが，整数にも拡張される．まず，冪指数 $n=0$ である場合は，任意の実数 x について $x^0=1$ と定める．

そして，冪指数 n が負の整数である場合には，$m \in \mathbb{N}$ を用いて，$n=-m$ と書けば，

$$x^n = x^{-m} = \frac{1}{x^m} = \frac{1}{x^{|n|}}$$

のこととする．

このように定める理由は，$n, m \in \mathbb{N}$ について成り立つ

$$x^n x^m = x^{n+m}, \quad (x^n)^m = x^{nm}$$

という関係，いわゆる**指数法則**が $n, m \in \mathbb{Z}$ についても成り立つことである．

0による除算を避けるため，$n = -m$ が負のとき $x = 0$ に対する x^{-m} も定義されない．よって，$x \mapsto f(x) = x^{-m}$ で定まる関数の定義域は 0 を含まない．

1.6.2　冪関数（冪指数が有理数である場合）

さらに，この冪指数は有理数 $q \in \mathbb{Q}$ へ拡張できる．

まず，q が自然数 n を用いて $q = \dfrac{1}{n}$ と書けるとき，つまり $x^{\frac{1}{n}}$ については，指数法則より

$$(x^{\frac{1}{n}})^n = x^{\frac{1}{n} \cdot n} = x^1 = x$$

が成立するように，$x^{\frac{1}{n}}$ とは $y^n = x$ を満たす y，すなわち x の**（$\boldsymbol{n}$ 乗）根**であると定める．

ただし，負の数も考えると，$x^2 = 1$ のように根が複数存在したり（$x = 1$，-1），$x^2 = -1$ のように根が存在しない場合がある．そこで，写像の性質を確保するため（1.2.1 項），$x \geq 0$ の範囲だけを定義域とし，$x^{\frac{1}{n}}$ は非負の値に限定する．

この約束のもと，x の n 乗根が一意に定まる．実際，x^n の大小関係より（1.5.1 項），$x \mapsto f(x) = x^n$ で定まる関数 $f : [0, \infty) \to [0, \infty)$ は狭義単調増加するから逆関数 f^{-1} が存在する（1.3.4 項）．

ちなみに，特に $\dfrac{1}{2}$ 乗についてはよく用いるので，$x^{\frac{1}{2}} = \sqrt{x}$ のように特別な記号 “$\sqrt{}$” で表すこともある．

これより，さらに $q (\neq 0)$ が有理数である場合には，自然数 m と整数 n によって $q = \dfrac{n}{m}$ と既約分数の形に書いて，

$$x^q = x^{\frac{n}{m}} = (x^{\frac{1}{m}})^n$$

によって，$x \geq 0$ に対して対応 $x \mapsto f(x) = x^q$ で定まる関数 $f : [0, \infty) \to \mathbb{R}$ を定

義する($q<0$ のときは定義域から 0 を除く)．

この定め方より，今や $p, q \in \mathbb{Q}$ について指数法則

$$x^p x^q = x^{p+q}, \quad (x^p)^q = x^{pq}$$

が成立する．また以上の定義によって，第1.5.1項で見た冪指数が自然数のときの大小関係が有理数の場合にも成り立つ．

1.6.3 代数関数

冪指数が有理数である冪関数たちを加減乗除および有理数冪乗することで，さまざまな関数が(適当な定義域で)定義できる．例えば，

$$\sqrt{1 - \frac{x^2}{2}}, \quad \frac{(x + 6x^2 - 5x^5)^{\frac{1}{3}}}{\sqrt{4+x}}$$

など，いくらでも複雑なものが考えられる．

これらは x の多項式 $a_j(x), (j = 0, 1, \ldots, n)$ を係数とする多項式で表される，以下のような y に関する方程式(代数方程式)

$$a_n(x)y^n + a_{n-1}(x)y^{n-1} + \cdots + a_1(x)y + a_0(x) = 0$$

の解 $y = f(x)$ であるという特徴から，**代数関数**と呼ばれる[*7]．

例えば，多項式と有理関数(1.5.3項)は代数関数である．実際，多項式 $f(x)$ は $y - f(x) = 0$ の解，有理関数 $\frac{P(x)}{Q(x)}$ は $Q(x)y - P(x) = 0$ の解．

また，有理数 q を冪指数とする x^q も，$m \in \mathbb{N}$，$n \in \mathbb{Z}$ を用いて $q = \frac{n}{m}$ と書くと，$y = x^{\frac{n}{m}}$ より $y^m - x^n = 0$ の解だから代数関数である．

本項の冒頭に挙げた1つめの例 $\sqrt{1 - \frac{x^2}{2}}$ も方程式 $2y^2 + (x^2 - 2) = 0$ の解だから代数関数だし，2つめの例も代数関数であることが容易に確認できる．

[*7] 代数関数の定義は代数方程式を満たすことなので，本項の例のように加減乗除と有理数冪乗による具体的な表示を持つものに限らない．

2 連続性をめぐって I：実数と極限

2.1 実 数

2.1.1 数としての実数

本書では自然数，整数，有理数については既知とする．そして実数についても，ほとんどのことは既に知っていると仮定する．ほとんどのこととは，実数全体の集合 $\mathbb{R}$ が有理数全体 $\mathbb{Q}$ を含み（$\mathbb{Q} \subset \mathbb{R}$），有理数と同じ加減乗除の四則演算が可能で，"="，">"，"<" の等号関係と大小関係を持つことである．

これらに加えて高校数学では，実数についてはいくらでも近い有理数があってもそれ自身は有理数ではないもの，つまり無理数があること，そして，有理数に無理数をあわせた実数全体が数直線と対応していることを学ぶ．

ただし，これは数直線の連続性に関する直観に基いている．つまり，有理数の数列 $\{q_n\}$ の $n \to \infty$ の極限は有理数とは限らないが，この極限も数として認めれば，数直線上の点のようにすべての数が「連続に」つながっている状態になる，ということを幾何学的直観で納得させているのである．

しかし，このような直観に基く理解では微積分学を厳密に展開するのには十分ではない．したがって，この実数の連続性を正確に述べておく必要がある．

2.1.2 最大値と最小値

実数の連続性について述べるため上限の概念を用意するが，上限を定義するのにいくつか準備が必要になる．本項ではまず最大値と最小値を説明する．

実数の部分集合 A のある元 $\bar{a}$ が，任意の $a \in A$ について $\bar{a} \geq a$ ならば，$\bar{a}$ は A の**最大値**であると言い，$\bar{a} = \max A$ と書く．同様に，$\underline{a} \in A$ が任意の $a \in A$ について $\underline{a} \leq a$ ならば $\underline{a}$ は A の**最小値**であると言い，$\underline{a} = \min A$ と書く．

この定義より最大値/最小値は存在すればただ 1 つである．実際，a も b も A の最大値なら，$b \leq a$ かつ $a \leq b$ だから $a = b$．

集合によっては，以下の例のようにそもそも最大値/最小値が存在しないことに注意せよ．

例 2.1 $[0, \infty)$ はいくらでも大きな元を含むので最大値を持たない．また，閉区間 $[0, 1]$ の最大値は 1 だが，開区間 $(0, 1)$ には最大値は存在しない．なぜなら，どんな $b \in (0, 1)$ についても，$b < b'$ となる $b' \in (0, 1)$ が存在する（例えば，$b' = (b+1)/2$）．無論，$1 \notin (0, 1)$ だから 1 は最大値ではない． $\square$

2.1.3 上界/下界と上限/下限

次に上界/下界の概念を用意して，上限/下限の概念を定義する．

A の任意の元 a について $a \le R$ となる $R \in \mathbb{R}$ のことを A の**上界**と言う．同様に任意の $a \in A$ について $a \ge r$ となる $r \in \mathbb{R}$ のことを A の**下界**と言う．上界/下界は A の元である必要はないが，A の元ならば最大値/最小値に一致する．

例 2.2 100 も 5 も 1 も閉区間 $[0, 1]$ の上界．特に 1 は最大値でもある． $\square$

上界/下界も存在しない場合がある．例えば，正の実数全体 $(0, \infty)$ には下界は存在するが（例えば，-1），いくらでも大きな元があるので上界は存在しない．A に上界（下界）が存在するとき，A は上に（下に）**有界**である，と言う．上にも下にも有界である場合には単に，有界である，と言う．

以上の用語のもと，A の**上限**とは A の上界全体の集合の最小値 $a^* \in \mathbb{R}$ のことである．これを $a^* = \sup A$ という記号で表す．また，**下限**とは A の下界の最大値 a_* のことで，これを $a_* = \inf A$ と書く．

例 2.3 開区間 $(0, 1)$ の上限は 1 である（$\sup (0, 1) = 1$）．実際，$(0, 1)$ の上界すべての集合 $[1, \infty)$ の最小値が 1． $\square$

なお，上界/下界が存在しないときはそれらの最小値/最大値も存在しないので上限/下限は定義されないが，上界がないときの上限は $+\infty$，下界がないときの下限は $-\infty$ としばしば解釈する．なお，本書では A が空集合である場合にはその上限，下限は定義しない．

2.1.4　連続性の公理

実数の連続性についてはいくつか述べ方があるが，本書では以下の定理を証明なしに認める[*1]．この定理は実数を何らかの方法で構成した場合や，連続性を他の形で公理として与えた場合にはそれらから証明できるが，そもそも公理として採用することもできる．いずれにせよ，それほど根本的な主張なので，事実上の公理と考えてよい．

定理 2.4(上限の存在)　空集合ではない実数の部分集合 A が上に有界ならば，上限 $\sup A$ が存在する．　　　　　　　　　　　　　　　　　　　　□

これよりただちに，下に有界ならば下限が存在することもわかる($A \subset \mathbb{R}$ に対し，$\{-a \in \mathbb{R} : a \in A\}$ を考えよ)．なお，前項で述べたように，上に有界でないときの上限を $+\infty$ などと定めて，これらも存在と解釈すれば，「**(空集合でない)実数の部分集合には常に上限と下限が存在する**」と簡潔に言える．

以下の例のように，有理数の全体 $\mathbb{Q}$ においては上限を持たない有界な部分集合が存在するから，これは実数の特別な性質である．

例 2.5　$A = \{q \in \mathbb{Q} : q^2 < 2\}$ は上に有界だが，上界全体の集合 $B = \{q \in \mathbb{Q} : q > 0, q^2 \geq 2\}$ には最小値が存在しない($q^2 = 2$ となる q は有理数ではない)．

しかし，$A' = \{r \in \mathbb{R} : r^2 < 2\} = \{r \in \mathbb{R} : -\sqrt{2} < r < \sqrt{2}\}$ の上限は存在して $\sup A' = \sqrt{2}$．　　　　　　　　　　　　　　　　　　　　□

公理的に言えば実数とは，加減乗除の四則演算と大小関係の順序の構造を持ち，かつ，部分集合が常に上限/下限を持つものであり，有理数の世界が連続性を持たないことを上限/下限の言葉で述べて，その欠損を埋めたものである．

[*1]　他の手段としては，公理的な形では「区間縮小法」，「単調列の極限の存在」，構成的な方法では「デデキントの切断」，「コーシー列による完備化」などを用いることが多い．

2.2　極　限

2.2.1　数列の極限

数列 $\{a_n\}_{n\in\mathbb{N}}$ について，n が無限に大きくなっていくにつれて a_n がある実数 a にいくらでも近づいていくとき，a は $n\to\infty$ での $\{a_n\}$ の**極限**である，または $\{a_n\}$ は a に**収束**する，などと呼び，$a_n\to a$ または以下のように書く：

$$a = \lim_{n\to\infty} a_n.$$

正確に述べれば，

　　$n\to\infty$ のとき $a_n\to a$ であるとは，**任意の実数 $\varepsilon>0$ に応じてあ る $N\in\mathbb{N}$ が存在して，任意の $n>N$ について $|a_n-a|<\varepsilon$ が成 立することである.**

　直観的な説明を加えれば，いくら小さな ε を要請されても十分に大きく N を選べば，N より先の番号では a_n と a の誤差を ε 未満にできる，ということだが，上の表現は論理の言葉(1.1.5項)のみで表現されていることに注意せよ.

例 2.6　$a_n = \dfrac{1}{n}$ で定義される数列 $\{a_n\}_{n\in\mathbb{N}}$ について，

$$n\to\infty \text{ のとき } a_n = \frac{1}{n} \to 0 \quad \text{つまり} \quad \lim_{n\to\infty} a_n = \lim_{n\to\infty}\frac{1}{n} = 0$$

であるが，これを厳密に示すと以下のようになる.

　任意の $\varepsilon>0$ に対して，$N>\dfrac{1}{\varepsilon}$ であるように $N\in\mathbb{N}$ を選ぶ[*2]. このとき，任意の $n>N$ について，

$$|a_n-0| = \left|\frac{1}{n}\right| < \frac{1}{N} < \varepsilon.$$

よって，$n\to\infty$ のとき $a_n\to0$.　　　　　　　　　　　　　　□

[*2]　このような N が存在すること，つまりどんな実数についてもそれより大きな自然数が存在することは，**アルキメデスの公理**と呼ばれる実数の公理だが，本書では実数の大小関係の一部として自然に認める.

例題 2.7　数列 $\{a_n\}$ が a に収束することの定義で，条件の「$|a_n-a|<\varepsilon$」は ある定数 $c>0$ について「$|a_n-a|<c\varepsilon$」でもよいこと(ヒント：$\varepsilon'=c\varepsilon>0$ を 考える)，また，「$|a_n-a|\le\varepsilon$」でもよいことを納得せよ(ヒント：$\varepsilon>0$ より， ε 以下ならば ε より少し大きな $\varepsilon'>0$ 未満). □

2.2.2　数列が収束しないとき

　実数の連続性によって，「ある値に向かってどんどん近づいていくとき」その 極限は存在するが，そもそも一般の数列については「ある値に向かって」が 満たされない以上，極限が存在するとは限らない.

　ある極限 a に収束しない場合は発散と振動の2つに分かれる. 素朴に言え ば，無限大に向かってどんどん大きくなったり，負の無限大に向かってどんど ん小さくなる場合が発散，そのどちらでもない場合が振動である. これを厳密 に述べれば以下のようになる.

　任意の $R\in\mathbb{R}$ に応じてある $N\in\mathbb{N}$ が存在して，任意の $n>N$ について $a_n>$ R になる場合，a_n は(正の)無限大に**発散**すると言う.

　同様に，任意の $R\in\mathbb{R}$ に応じてある $N\in\mathbb{N}$ が存在して，任意の $n>N$ につ いて $a_n<R$ になる場合，a_n は負の無限大に発散すると言う.

　また，極限が存在せず，正負どちらの無限大にも発散しない場合は，$\{a_n\}$ は**振動**すると言う.

　正の無限大に発散する場合，数列は下に有界で上に有界でないし，負の無限 大に発散する場合，上に有界で下に有界でない. しかし，振動する場合は有界 であるときもないときもある(以下の例の c_n は有界だが，d_n は有界でない).

例 2.8　$n\to\infty$ のとき
- $a_n=n$ は正の無限大に発散し，$b_n=-n^2$ は負の無限大に発散する.
- $c_n=(-1)^n$ や $d_n=(-2)^n$ は振動して，どの値にも収束しない.
- 数列 $0,1,0,0,2,0,0,0,3,0,0,0,0,4,\ldots$("0" を m 個並べたあとに m と書 く)は振動する(正の無限大に発散ではないことに注意). □

2.2.3 数列が収束するとき I：単調増加する数列と上限

極限が存在する条件としては以下が基本的である.

数列 $a_1, a_2, \ldots \in \mathbb{R}$ が，任意の $n \in \mathbb{N}$ について $a_n \leq a_{n+1}$ であるとき，つまり素朴に書けば

$$a_1 \leq a_2 \leq a_3 \leq \cdots$$

であるとき，**単調増加**する，単調増加である，などと言う．同様に，任意の $n \in \mathbb{N}$ について $a_n \geq a_{n+1}$ であるときは，**単調減少**と言う.

ここで不等号が等号 "=" も許していることに注意せよ．もし，任意の $n \in \mathbb{N}$ について等号を許さず $a_n < a_{n+1}$ であることを強調したい場合は，「狭義」をつけて**狭義単調増加**，また，常に $a_n > a_{n+1}$ であることを強調したい場合は**狭義単調減少**と言う[*3].

また，ある定数 $M \in \mathbb{R}$ が存在して，任意の $n \in \mathbb{N}$ について $a_n < M$ であるとき，数列 $\{a_n\}$ は **上に有界**であると言う．同様に，任意の $n \in \mathbb{N}$ について $a_n > M$ であるときは，**下に有界**であると言い，上にも下にも有界である場合には単に，有界であると呼ぶ.

以上の用語のもと，以下が成り立つ.

定理 2.9（有界単調数列の極限）　上に有界で単調増加する数列 $\{a_n\}_{n \in \mathbb{N}}$ には極限 $\lim_{n \to \infty} a_n$ が存在する.　　　　　　　　　　　　　　　□

なぜなら，数列 $\{a_n\}_{n \in \mathbb{N}}$ に対し実数の部分集合

$$A = \{a_n \in \mathbb{R} : n \in \mathbb{N}\} \subset \mathbb{R}$$

は上に有界なので上限 $a^* = \sup A$ が存在し（2.1.4 項，定理 2.4），これが $\{a_n\}$ の極限に他ならない.

詳しく述べれば，上限の定義より，任意の $\varepsilon > 0$ について，ある N が存在して，$a^* - a_N < \varepsilon$ である（もしこのような番号 N が存在しなければ，任意の n について $a_n \leq a^* - \varepsilon$ であり a^* が上限であることに反する）.

[*3] 第 1.3.4 項の脚注 6 で注意したように，本書の意味での単調増加のことを単調非減少，そして狭義単調増加のことを単調増加と呼ぶ流儀もある．単調減少と狭義単調減少についても同様.

加えて $\{a_n\}$ が単調増加することより，$n>N$ ならば $|a_n-a^*|=a^*-a_n<\varepsilon$ だから，$a_n\to a^*$.

もちろん同様にして，下に有界で単調減少する数列にも極限が存在する.

なお，上と本質的に同じ論法で示せるので，以下の定理も挙げておく．この性質は簡単なことながら，しばしば上限と極限をめぐる厳密な議論に役立つ.

定理 2.10   上に有界な集合 $A\subset\mathbb{R}$ とその上限 a^* に対し，$(a^*$ 自体は A の元でなくても$)A$ の元からなる数列 $\{a_n\}$ で $\displaystyle\lim_{n\to\infty}a_n=a^*$ となるものが存在する.
⬚

例題 2.11   この定理 2.10 を証明せよ．(ヒント：各 $n\in\mathbb{N}$ に対し $a^*-\dfrac{1}{n}<a_n$ $\le a^*$ を満たす $a_n\in A$ を選び数列 $\{a_n\}$ を作る．あとは定理 2.9 と同様)   ⬚

2.2.4   数列が収束するとき II：コーシー列

数列が収束するためのもう 1 つの重要な条件にコーシー列がある．ある数列 $\{a_n\}$ について，$n,m\to\infty$ のとき $|a_n-a_m|\to0$ となるとき，**コーシー列**であると言う.

正確に述べれば，$\{a_n\}$ がコーシー列であるとは，任意に与えられた実数 $\varepsilon>0$ に応じてある $N\in\mathbb{N}$ が存在して，任意の $n,m>N$ について $|a_n-a_m|<\varepsilon$ となることである.

このとき，以下が成り立つ.

定理 2.12(コーシー列と収束の同値)   数列がコーシー列であることと，ある実数に収束することとは同値．つまり，ある数列がコーシー列ならばある値に収束し，逆に，ある値に収束するならばその数列はコーシー列.
⬚

極限の定義(2.2.1 項)は極限の値をその定義に用いていたが，極限の議論をしたいときは，その極限の値どころか極限が存在するかどうかもわからない場合が多い．コーシー列であることは極限値を介さず数列そのものだけで述べられているので，このような場合にしばしば重宝する.

上の定理の主張の片方，数列が収束するならばコーシー列であることを示すのはやさしい．任意の実数 x,y について $|x+y|\le|x|+|y|$ だから(これを**三角**

不等式と呼ぶ)[*4].

$$|a_n - a_m| = |(a_n - a) + (a - a_m)| \leq |a_n - a| + |a - a_m|.$$

これより，$a_n \to a$ のとき，与えられた $\varepsilon > 0$ に応じて，$n > N$ ならば $|a - a_n| < \varepsilon$ であるように N を選べて，上式の右辺は任意の $n, m > N$ について $\varepsilon + \varepsilon = 2\varepsilon$ より小さい．よって，$\varepsilon = \dfrac{\varepsilon'}{2}$ とおけば，任意の $\varepsilon' > 0$ に対して $|a_n - a_m| < \varepsilon'$ が示せたことになる．

　同じことだが ε' を介在させず，最初から「任意の $\varepsilon > 0$ に対して，$|a - a_n| < \dfrac{\varepsilon}{2}$ とできるから」として，結論を $|a_n - a_m| < \varepsilon$ のように ε で締め括る書き方もある(例題 2.7 参照)．結局，いくらでも小さな値でおさえられればよいわけだが，本書ではこれらの書き方を適宜，使い分ける．

　上とは逆に，コーシー列ならば収束することは，「上限の存在」(2.1.4 項)と同じく実数の連続性の述べ方の 1 つでもあり，実数自身の深い性質である．次項でこれを証明するが，初学者にはやや難しいので，極限の議論に慣れるまで後回しにしてもよい．

2.2.5　コーシー列は収束する

　数列 $\{a_n\}$ をコーシー列とする．つまり，任意の $\varepsilon > 0$ に応じて，ある $N \in \mathbb{N}$ が存在して $n, m > N$ ならば $|a_n - a_m| < \varepsilon$.

　(1)　証明は三段階に分かれる．まず，$\{a_n\}$ が有界であることを確認する．実際，$m = N+1$ と選べば，$n > N$ ならば $|a_n - a_{N+1}| < \varepsilon$ だから，$\{a_1, \ldots, a_N, a_{N+1} + \varepsilon\}$ の最大値が $\{a_n\}$ の上界．同様に下界も存在して，$\{a_n\}$ は有界．

　(2)　次にこの有界性を利用して $\{a_n\}$ の極限の候補を定める．$\{a_n\}$ の有界性と上限の存在定理(2.1.4 項，定理 2.4)より，各 $n \in \mathbb{N}$ ごとに $b_n = \sup\{a_j : j \geq n\}$ が存在して，数列 $\{b_n\}$ が定義できる．再び $\{a_n\}$ の有界性より $\{b_n\}$ も有界で，しかもその定義より単調減少する．ゆえに極限 $b^* = \lim\limits_{n \to \infty} b_n$ が存在する(2.2.3 項，定理 2.9)．

　(3)　最後に，$\{a_n\}$ がこの b^* に収束することを示す．それには b^* と a_n が

---

*4　本文のように余計な値を足し引きして三角不等式を利用することは，解析学の基本テクニックである．次項 2.2.5 脚注 5 の「望遠鏡和」も参照．

十分大きな n で近いことを言えばよいが，直接比較するのは難しいので，b^* が $\{b_n\}$ の極限であることより b^* と b_n が近いこと，b_n が $\{a_j : j \geq n\}$ の上限であることより十分先の番号 n_0 で a_{n_0} に近いこと，$\{a_n\}$ がコーシー列であることより a_{n_0} が a_n に近いことの以上 3 つに分解して示す．

まず，b^* は $\{b_n\}$ の極限だから，任意に与えられた $\varepsilon > 0$ に応じて，$n > N$ ならば $|b^* - b_n| < \dfrac{\varepsilon}{3}$ となる $N \in \mathbb{N}$ が存在する．

また，$\{a_n\}$ はコーシー列だったから，上と同じ ε に応じて，$n, m > M$ ならば $|a_n - a_m| < \dfrac{\varepsilon}{3}$ となる $M \in \mathbb{N}$ が存在する．

次に，$b_n = \sup\{a_j : j \geq n\}$ だから，上と同じ ε に応じて，$b_n - \dfrac{\varepsilon}{3} \leq a_{n_0} \leq b_n$ となるような番号 $n_0 \geq n$ が存在する．実際，もしこのような a_{n_0} が存在しなければ，任意の $j \geq n$ について $a_j < b_n - \dfrac{\varepsilon}{3}$ だから b_n が上限であることに反する．

以上 3 つの不等式と三角不等式より[*5]，M, N の両方より大きな n と上で選んだ $n_0 (\geq n)$ について，

$$|b^* - a_n| = |(b^* - b_n) + (b_n - a_{n_0}) + (a_{n_0} - a_n)|$$
$$\leq |b^* - b_n| + |b_n - a_{n_0}| + |a_{n_0} - a_n| < \frac{\varepsilon}{3} + \frac{\varepsilon}{3} + \frac{\varepsilon}{3} = \varepsilon.$$

$\varepsilon > 0$ は任意に選べるのだったから，$n \to \infty$ のとき $a_n \to b^*$．

2.2.6 極限の一般的な性質 I：順序

数列の極限は以下の意味で自然に順序を保つ．

定理 2.13（極限の順序）　2 つの数列 $\{a_n\}, \{b_n\}$ が，任意の n について $a_n \leq b_n$ であり，かつ $n \to \infty$ のとき $a_n \to a$，$b_n \to b$ ならば，$a \leq b$．

なぜなら，もし $b < a$ ならば，$b < c < a$ を満たす $c \in \mathbb{R}$ が存在するが，$a_n \to a > c$ より，ある $N_1 \in \mathbb{N}$ が存在して $n > N_1$ ならば $a_n > c$，同様に $b_n \to b < c$ より，ある $N_2 \in \mathbb{N}$ が存在して $n > N_2$ ならば $b_n < c$．よって，N_1, N_2 の両方より大きい任意の n について，$b_n < c < a_n$ となるが，これは仮定に反する．

[*5] このように足し引きを繰り返して項を増やし，三角不等式を繰り返し用いるテクニックを「望遠鏡和(telescoping sum)」と言う．

ゆえに背理法より $a \leq b$.

この順序の性質から，以下の一見は自明だが重要な性質も直ちにわかる.

定理 2.14（極限の一意性） 数列の極限は存在すれば，ただ 1 つ.   ▯

実際，$\{a_n\}$ が $a_n \to a$ かつ $a_n \to b$ ならば，$a \leq b$ かつ $b \leq a$ だから $a = b$.

また，以下のいわゆる**はさみうちの原理**も，便利な順序の性質である.

定理 2.15（はさみうちの原理） 3 つの数列 $\{a_n\}, \{b_n\}, \{c_n\}$ について，任意の $n \in \mathbb{N}$ に対し $a_n \leq b_n \leq c_n$ であって，$\{a_n\}, \{c_n\}$ が同じ極限 $\alpha \in \mathbb{R}$ に収束するならば，$\{b_n\}$ も α に収束する.   ▯

これも極限の定義から直ちに得られる. 実際，$a_n \to \alpha$, $c_n \to \alpha$ より，任意の実数 $\varepsilon > 0$ に応じてある $N \in \mathbb{N}$ が存在して，任意の $n > N$ について $|a_n - \alpha| < \varepsilon$ かつ $|c_n - \alpha| < \varepsilon$ だから，$\alpha - \varepsilon < a_n \leq b_n \leq c_n < \alpha + \varepsilon$. よって，$|b_n - \alpha| < \varepsilon$ であり，すなわち $b_n \to \alpha$.

2.2.7 極限の一般的な性質 II : 演算

数列の極限については以下のように自然な演算ができる.

定理 2.16（極限の演算） 数列 $\{a_n\}, \{b_n\}$ について，$n \to \infty$ のとき，$a_n \to a$, $b_n \to b$ ならば，

(1) 実数 c に対し $n \mapsto ca_n$ で定まる数列 $\{ca_n\}$ も収束して，$ca_n \to ca$.

(2) $n \mapsto a_n + b_n$ で定まる数列 $\{a_n + b_n\}$ も収束して，$a_n + b_n \to a + b$.

(3) $n \mapsto a_n b_n$ で定まる数列 $\{a_n b_n\}$ も収束して，$a_n b_n \to ab$.

(4) $a \neq 0$ なら，ある $N \in \mathbb{N}$ に対し任意の $n > N$ について $a_n \neq 0$ だから $n \mapsto \dfrac{1}{a_n}$ で数列が定まり，$\dfrac{1}{a_n} \to \dfrac{1}{a}$.

(5) $n \mapsto |a_n|$ で定まる数列 $\{|a_n|\}$ も収束して，$|a_n| \to |a|$.   ▯

以上のどれも直観的には明らかである. 実際，a_n と a の誤差，b_n と b の誤差がどちらも十分に小さければ，問題の数列 $a_n + b_n$ や $a_n b_n$ と結論の極限の誤差がいくらでも小さい.

しかし，極限の概念を正確に理解し，その技術を学ぶため，次項で証明を与

える．より複雑な極限の性質も（例えばコーシー列の収束（2.2.5 項）），本質的にはこれと同様な技巧を使って示されるのである．

例題 2.17 極限が存在する 2 つの数列 $\{a_n\}, \{b_n\}$ について，$\lim\limits_{n\to\infty}(a_n - b_n) = 0$ ならば $\lim\limits_{n\to\infty} a_n = \lim\limits_{n\to\infty} b_n$ であることを示せ．（ヒント：結論が成り立たなければ，極限の演算の性質（定理 2.16）より仮定に矛盾）　　　　　　　　　　　　　▯

2.2.8 極限の性質 II の証明

（1）$|ca_n - ca| = |c(a_n - a)| = |c||a_n - a|$ より，十分大きい n について，この右辺はいくらでも小さくできるから，$ca_n \to ca$.

より詳しく書けば，$a_n \to a$ の定義より，任意の $\varepsilon > 0$ に応じて，ある $N \in \mathbb{N}$ が存在して，$n > N$ ならば $|a_n - a| < \varepsilon$ なのだから，任意に $\varepsilon' > 0$ が与えられたとき，$\varepsilon = \dfrac{\varepsilon'}{|c|}$ とおいて，上のように N を選べば，任意の $n > N$ について，$|ca_n - ca| = |c||a_n - a| < |c|\varepsilon = \varepsilon'$. よって，$ca_n \to ca$.

（2）三角不等式より

$$|(a_n + b_n) - (a + b)| = |(a_n - a) + (b_n - b)| \leq |a_n - a| + |b_n - b|$$

だが，$a_n \to a$, $b_n \to b$ より，任意の $\varepsilon > 0$ に対して，$n > N$ ならば $|a_n - a| < \dfrac{\varepsilon}{2}$ かつ $|b_n - b| < \dfrac{\varepsilon}{2}$ であるように，$N \in \mathbb{N}$ を選べるから，任意の $n > N$ について上式右辺は $\dfrac{\varepsilon}{2} + \dfrac{\varepsilon}{2} = \varepsilon$ より小さい．よって，$a_n + b_n \to a + b$.

（3）まず，$\{b_n\}$ が有界であることに注意する．実際，$\varepsilon > 0$ に対し $n > N$ ならば $|b_n - b| < \varepsilon$ であるよう $N \in \mathbb{N}$ をとり，$\{|b_1|, |b_2|, \ldots, |b_N|, |b| + \varepsilon\}$ の最大値を M とおけば任意の n について $|b_n| < M + 1$.

あとは，以下の変形による三角不等式

$$|a_n b_n - ab| = |(a_n - a)b_n + a(b_n - b)|$$
$$\leq |(a_n - a)b_n| + |a(b_n - b)| = |a_n - a||b_n| + |a||b_n - b|$$

と $\{b_n\}$ の有界性を用いればよい．

実際，$a_n \to a$, $b_n \to b$ より，任意の $n > N'$ について，$|a_n - a| < \dfrac{\varepsilon}{2(M+1)}$,

$|b_n - b| < \dfrac{\varepsilon}{2|a|}$ であって，かつ，$\{b_n\}$ の有界性を示すために選んだ N よりも大きく $N' \in \mathbb{N}$ を選べるから，上の不等式の右辺は ε より小さく，$a_n b_n \to ab$.

（4）以下の変形

$$\left| \frac{1}{a_n} - \frac{1}{a} \right| = |a_n - a| \, \frac{1}{|a_n a|}$$

に注意すれば，$a_n \to a$，$a_n a \to a^2$ より，任意の $\varepsilon > 0$ に対し，$n > N$ ならば $|a_n - a| < \dfrac{a^2}{2}\varepsilon$ かつ $|a_n a| > \dfrac{a^2}{2}$ となるように選べて，上式右辺は ε より小さい．ゆえに，$\dfrac{1}{a_n} \to \dfrac{1}{a}$.

（5）任意の実数 x, y について $||x| - |y|| \leq |x - y|$ だから

$$||a_n| - |a|| \leq |a_n - a| < \varepsilon$$

となって $|a_n| \to |a|$.

2.3 閉区間の性質

2.3.1 閉区間と開区間の違い

閉区間 $[a, b]$ と開区間 (a, b) の定義上の違いは，端点 a, b を含むか含まないかだけである．しかし，区間の上で定義された関数の性質を調べる上で，この違いが大きな差異をもたらす．

開区間 (a, b) の本質は，そこに含まれるどの点 $x \in (a, b)$ においても，小さく $\varepsilon > 0$ をとって $(x - \varepsilon, x + \varepsilon) \subset (a, b)$ とできる，ということにある．もちろん閉区間では端点 $x = a, b$ でこのような ε がとれない．

一方，閉区間の本質的な性質には色々な述べ方があるが，直観的にわかりやすいのは，開区間に含まれる数列は端点に収束して極限が開区間に含まれないかもしれないが，閉区間においてはそのような「逃げ場」がないことである．

この数列による閉区間特有の性質は，次項のボルツァノ–ワイエルシュトラスの定理を用いて正確に述べることができる．

2.3.2　ボルツァノ–ワイエルシュトラスの定理

定理の主張を述べる前に，部分列の概念を用意しておく．数列 $\{a_n\}_{n\in\mathbb{N}}$ に対して，ここから番号 $n_1 < n_2 < n_3 < \cdots \in \mathbb{N}$ の元だけを抜き出した数列 a_{n_1}, $a_{n_2}, a_{n_3}, \ldots$ のことを $\{a_n\}$ の**部分列**と言い，$\{a_{n_j}\}_{j\in\mathbb{N}}$ と書く．

例えば，$\{a_n\}_{n\in\mathbb{N}} = \{2,4,6,8,10,\ldots\}$ から奇数番目だけを抜き出した数列 $\{b_n\}_{n\in\mathbb{N}} = \{2,6,10,\ldots\}$ は $\{a_n\}$ の部分列である．抜き出した番号 $1,3,5,\ldots$ も数列と見て $n_1, n_2, n_3, \ldots$ と書けば，$b_j = a_{n_j}$, $(j = 1, 2, \ldots)$ と表せるわけである（写像の記号で書けば $b(j) = a(n(j))$ という合成写像（1.2.3項））．

この用語のもと，以下の主張が**ボルツァノ–ワイエルシュトラスの定理**である．

定理 2.18（ボルツァノ–ワイエルシュトラスの定理）　有界な数列は収束する部分列を持つ． □

この定理は有界性の仮定だけで成り立つのが便利である．本書の以下でも頻繁に引用するので，「BWT」と略記する．証明は次項 2.3.3 で与える．

次の閉区間の性質もこの定理から直ちに導かれる．

定理 2.19（上定理の系）　実数 $a < b$ による閉区間 $[a,b]$ に対し，$\{a_n\}_{n\in\mathbb{N}}$ を $[a,b]$ に含まれる数列とする（任意の $n \in \mathbb{N}$ について $a \le a_n \le b$）．このとき，$\{a_n\}$ の部分列で収束するものが存在し，その極限は $[a,b]$ の元[*6]． □

実際，閉区間に含まれる数列は有界だから，BWT より収束する部分列が存在するが，その極限は極限の順序の性質（定理 2.13）より $[a,b]$ の元である（数列 $c_n = a$（一定），$d_n = b$（一定）と比較せよ）．

一方，開区間 (a,b) はこの性質を満たさない．実際，収束する数列の部分列は（極限の定義より）同じ極限を持つことに注意すれば，端点 a が極限である数列は，どのように部分列をとっても極限が $a \notin (a,b)$．

[*6]　この系（定理 2.19）の主張を位相の言葉で述べれば，「閉区間は**点列コンパクトである**」．

2.3.3 ボルツァノ–ワイエルシュトラスの定理の証明

おおまかに言えば，長さが 0 に縮小していくような区間をそれぞれが $\{a_n\}$ の元を無限個含むようにとり，各区間から 1 つずつ選んだ $\{a_n\}$ の元をもって部分列とすればよい．以下ではこれを正確に述べる．

数列 $\{a_n\}$ は有界なので，任意の n について $L < a_n < R$ となる $L, R \in \mathbb{R}$ が存在する．これに対して，区間 $I_0 = [L, R]$ を 2 つの閉区間 $\left[L, \dfrac{L+R}{2} \right]$ と $\left[\dfrac{L+R}{2}, R \right]$ に二等分すると，少なくとも一方には $\{a_n\}$ の元が無限個含まれる．

このうち無限個含まれる方(両方ならばどちらでもよい)を I_1 とする．この I_1 を再び二等分し，そのうち $\{a_n\}$ の元を無限個含む方を I_2 とする．これを続けて，$I_1 \supset I_2 \supset \cdots$ という無限個の閉区間を作る．

これらの閉区間を $I_j = [l_j, r_j]$，$(j \in \mathbb{N})$ と書くと，l_j は単調増大，r_j は単調減少する有界な数列だから，$j \to \infty$ のときそれぞれの極限 $l_j \to l$，$r_j \to r$ が存在する(2.2.3 項，定理 2.9)．

しかも，$r_j - l_j = \dfrac{R-L}{2^j}$ の関係と，極限の演算(2.2.7 項，定理 2.16)より

$$r - l = \lim_{j \to \infty} r_j - \lim_{j \to \infty} l_j = \lim_{j \to \infty} (r_j - l_j) = (R - L) \lim_{j \to \infty} \frac{1}{2^j} = 0$$

となって，2 つの極限は等しい[*7]．これを $l = r = \alpha$ と書く．

この各 I_j から $\{a_n\}$ の元を 1 つずつ選んで部分列 $a_{n(j)}$ とすれば，任意の j について $l_j \le a_{n(j)} \le r_j$ であって，かつ $l_j \to \alpha$，$r_j \to \alpha$ なのだから，はさみうちの原理(2.2.6 項，定理 2.15)より $a_{n(j)} \to \alpha$．

2.4   関数と極限

2.4.1   関数の値の極限

関数についても数列と同様に極限を考える．数列 $\{a_n\}$ においては $n \to \infty$

[*7] この部分は**区間縮小法**と呼ばれる議論で，縮小していく区間の極限が存在するというこの結論自体を実数の連続性の公理として選ぶこともできる．

のときしか極限を考える意味はなかったが,関数 $f(x)$ の場合は $x \to \infty$ のときの他,$x \to -\infty$ のとき,および,ある $a \in \mathbb{R}$ について $x \to a$ のときがある.

$x \to \infty$ を考えるため関数 $f : D \to \mathbb{R}$ の定義域 D は上に有界でないとする.$x \to \infty$ のときに $f(x)$ が $\alpha \in \mathbb{R}$ に**収束する**,もしくは α が**極限**であるとは,任意の実数 $\varepsilon > 0$ に応じて,ある $M \in \mathbb{R}$ が存在して,$x > M$ かつ $x \in D$ を満たす任意の x について

(2.1) $$|f(x) - \alpha| < \varepsilon$$

となることである.

D が下に有界でないときの $x \to -\infty$ のときも同様で,任意の $x < M$ かつ $x \in D$ なる任意の x について上式(2.1)が満たされることである.

また,$a \in \mathbb{R}$ について $x \to a$ のときに $f(x)$ が α に収束するとは,任意の実数 $\varepsilon > 0$ に応じて,ある実数 δ が存在して,$|x - a| < \delta$ かつ $x \in D$ を満たす(x が存在し,その)任意の x について上式(2.1)が満たされることである.

これを数列のとき同様,それぞれのとき $f(x) \to \alpha$,または以下のように書く:

$$\lim_{x \to \infty} f(x) = \alpha, \quad \lim_{x \to -\infty} f(x) = \alpha, \quad \lim_{x \to a} f(x) = \alpha.$$

関数の極限についての特別な事情として,$x \to a$ のときの収束については,多くの場合,$x \neq a$ を保って $x \to a$ とする,つまり,$|x - a| < \delta$ かつ $x \neq a$ であるような $x \in D$ のみを考えることが,暗黙のうちに含意されている.

なぜなら,$x \to a$ の極限を考えるのは,そもそも f に直接 a を代入することが適切でない理由があるからである(例えば $a \notin D$ のときや,0 で除算することになるなど).このことを明確にしたいときは,あらわに「$x \to a$,$x \neq a$ のとき」と書いたり,

$$\lim_{x \to a, x \neq a} f(x)$$

のように書いて注意を喚起する.

2.4.2   関数の値の極限の性質

関数の値の極限について，まったく同じ議論によって，数列の極限の順序，一意性，はさみうちの原理(2.2.6 項)，極限の演算(2.2.7 項)と同じ性質が成り立つ．よく用いるので，特に最後の演算の性質を定理としてまとめておく．

定理 2.20(関数の極限の演算)　同じ定義域を持つ関数 $f, g : D \to \mathbb{R}$ について，$x \to x_0$ のとき，$f(x) \to a$, $g(x) \to b$ ならば，

(1) 実数 c に対し $x \mapsto cf(x)$ で定まる関数 cf の値も収束して，$(cf)(x) \to ca$.

(2) $x \mapsto f(x) + g(x)$ で定まる関数 $f + g$ の値も収束して，$(f+g)(x) \to a + b$.

(3) $x \mapsto f(x)g(x)$ で定まる関数 fg の値も収束して，$(fg)(x) \to ab$.

(4) $a \neq 0$ なら，ある $\delta \in \mathbb{R}$ に対し $|x - x_0| < \delta$ を満たす任意の x について $f(x)$
　　$\neq 0$ だから $x \mapsto \dfrac{1}{f(x)}$ で関数 $\dfrac{1}{f}$ が定まり，$\left(\dfrac{1}{f}\right)(x) \to \dfrac{1}{a}$.

　　$x \to \infty$ や $x \to -\infty$ のときも同様．　　　　　　　　　　　　　□

また，関数の値の極限は数列の極限を用いて言い換えることができて，しばしば便利である．実際，$n \to \infty$ のとき $a_n \to a$ となるような(定義域に含まれる)任意の数列 $\{a_n\}$ について $f(a_n) \to \alpha$ ならば，$x \to a$ のとき $f(a) \to \alpha$.

なぜならば，もし $f(a) \to \alpha$ でないならば，ある $\varepsilon > 0$ が存在して任意の $\delta > 0$ に対し，$|x - a| < \delta$ かつ $|f(x) - \alpha| \geq \varepsilon$ なる x が存在する．各 $n \in \mathbb{N}$ について $\delta = 1/n$ とおいてこのような $x = a_n$ を選べば，$f(a_n)$ は α に収束しない．この逆に，$x \to a$ のとき $f(x) \to \alpha$ ならば，$a_n \to a$ なる任意の $\{a_n\}$ について $f(a_n) \to \alpha$ となることは関数の値の極限の定義より明らか．

2.4.3   関数の値が収束しないとき

数列と同様，$x \to \infty$ (または $-\infty, a$) のとき $f(x)$ がいくらでも大きくなる場合を，$f(x)$ は(正の)無限大に**発散**すると言う．

正確に述べれば，(定義域 D が上に有界でないとき)任意の $M \in \mathbb{R}$ に応じてある $N \in \mathbb{R}$ が存在して，$x > N$ (かつ $x \in D$)ならば $f(x) > M$ となるとき，$f(x)$ は(正の)無限大に発散すると言う．$x \to -\infty$ や $x \to a$ のときも同様で，これらをそれぞれのとき $f(x) \to \infty$ や，以下のように書く：

$$\lim_{x \to \infty} f(x) = \infty, \quad \lim_{x \to -\infty} f(x) = \infty, \quad \lim_{x \to a} f(x) = \infty.$$

同様に，任意の $M \in \mathbb{R}$ に応じてある $N \in \mathbb{R}$ が存在して，$x > N$（かつ $x \in D$）ならば $f(x) < M$ となるとき，$f(x)$ は $x \to \infty$ のとき負の無限大に発散すると言う．$x \to -\infty$ や $x \to a$ のときも同様で，これをそれぞれのとき $f(x) \to -\infty$ や，以下のように書く；

$$\lim_{x \to \infty} f(x) = -\infty, \quad \lim_{x \to -\infty} f(x) = -\infty, \quad \lim_{x \to a} f(x) = -\infty.$$

また収束も発散もしないときは，数列のとき同様，**振動**すると言う．

2.5　関数列の収束

2.5.1　関数列の収束

上では関数の値の収束，つまり $x \to \infty$ などのときに値 $f(x) \in \mathbb{R}$ がどうふるまうかを議論した．それに対して，ここでは関数自体の収束を扱う．つまり，同じ定義域 D から実数への関数の列 $f_1, f_2, \ldots$ について，$n \to \infty$ のときの関数としての収束と極限を考えたい．

最も単純な関数列の収束概念は，各点 $x \in D$ ごとに $f_n(x)$ が，ある関数 f の x での値 $f(x)$ に収束することである．すなわち，各 $x \in D$ について，$n \to \infty$ のとき $f_n(x) \to f(x)$ となるとき，より正確に書けば，任意の $\varepsilon > 0$ に応じて，ある $N \in \mathbb{N}$ が存在して，任意の $n > N$ について $|f_n(x) - f(x)| < \varepsilon$ が成立するとき，f_n は f に**各点収束**すると言う．

さらに各点における収束の速さが一様であるとき，正確に書けば，任意の $\varepsilon > 0$ に応じて，ある $N \in \mathbb{N}$ が存在して，任意の $n > N$ と**任意の $x \in D$** について $|f_n(x) - f(x)| < \varepsilon$ が成立するとき，f_n は f に**一様収束**すると言う．

一様収束においては，ε による不等式評価が各点 x で成立しているのみならず，すべての点 $x \in D$ に対して同じ ε で成り立ち，すべての点がそろって収束していくことが要請されている．よって一様収束は各点収束に比べて，より強い収束概念である．

$\{f_n\}$ が f に一様収束することを言い換えれば，任意の $\varepsilon > 0$ に応じて，あ

る $N \in \mathbb{N}$ が存在して，任意の $n > N$ について

$$\sup_{x \in D} |f_n(x) - f(x)| < \varepsilon$$

が成立することでもある（この左辺は $x \in D$ の範囲での $|f_n(x) - f(x)|$ の上限の意味，すなわち $\sup \{|f_n(x) - f(x)| : x \in D\}$ の略記）.

この表現は，$n \geq N$ ならば f のグラフの上下 ε 幅の範囲に f_n のグラフが含まれる（図 2.1），という意味がわかりやすい上に，しばしば使いやすい.

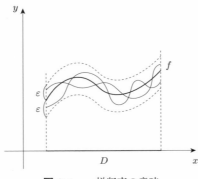

図 2.1　一様収束の意味

2.5.2　各点収束と一様収束の違いの例

各点収束と一様収束の違いは重要なので，ここに複数の例を挙げておく.

例 2.21　$[0, 1]$ 上で定義された関数の列，$f_n(x) = x^n$，$(n = 1, 2, 3, \dots)$ は $n \to \infty$ のとき，以下で定義される関数 $f : [0, 1] \to \mathbb{R}$ に各点収束しているが，一様収束はしていない（図 2.2）；

$$f(x) = \begin{cases} 0 & (0 \leq x < 1 \text{ のとき}), \\ 1 & (x = 1 \text{ のとき}). \end{cases}$$

実際，$x = 1$ のときは n によらず常に $f_n(1) = 1$ だから自明に $f_n(1) \to f(1)$ であり，$x \in [0, 1)$ のときは $x^n \to 0$ だから $f_n(x) \to f(x)$ となって各点収束.

しかし，$x \in [0,1)$ と与えられた $\varepsilon > 0$ に対して，任意の $n > N$ について $|f_n(x) - 0| = x^n < \varepsilon$ が成立するには，x^n の大小関係より（1.5.1項），x が 1 に近いほど N をいくらでも大きく選ばざるをえない．

よって，N に対して同じ ε では，任意の $x \in [0,1]$ と $n > N$ について $|f_n(x) - f(x)| < \varepsilon$ と評価できず，f_n は f に各点収束するが一様収束はしない．   □

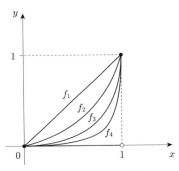

図 2.2   各点収束と一様収束 1

例 2.22   以下で定義される関数の列 $g_n : [0,2] \to \mathbb{R}$ は $g(x) = 0$（定数関数）に各点収束しているが一様収束はしていない（図 2.3）；

$$
g_n(x) = \begin{cases} nx & \left(0 \leq x < \dfrac{1}{n} \text{ のとき}\right), \\ 2 - nx & \left(\dfrac{1}{n} \leq x < \dfrac{2}{n} \text{ のとき}\right), \\ 0 & \left(x \geq \dfrac{2}{n} \text{ のとき}\right). \end{cases}
$$

実際，任意の $n \in \mathbb{N}$ について $g_n(0) = 0$ であり，$0 < x \leq 2$ なる x については $x \geq \dfrac{2}{N}$ となるよう，つまり $N \geq \dfrac{2}{x}$ となるように N を選べば，任意の $n > N$ について $g_n(x) = 0$．よって，g_n は g に各点収束している．

しかし，n によらず $g_n\left(\dfrac{1}{n}\right) - g\left(\dfrac{1}{n}\right) = 1$ だから，$0 < \varepsilon < 1$ に対し任意の x について $|g_n(x) - g(x)| < \varepsilon$ とはできず，したがって一様収束しない．   □

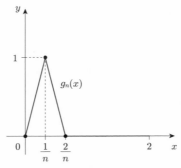

図 2.3 各点収束と一様収束 2

例 2.23 以下で定義される関数の列 $h_n : [0, \infty) \to \mathbb{R}$ は $h(x) = 0$（定数関数）に各点収束しているが一様収束はしていない（図 2.4）；

$$h_n(x) = \begin{cases} 0 & (0 \leq x < n \text{ のとき}), \\ 1 & (x \geq n \text{ のとき}). \end{cases}$$

実際，x に対して $x < N$ であるように $N \in \mathbb{N}$ を選べば，任意の $n > N$ について $h_n(x) = 0$ だから，h_n は定数関数 h に各点収束しているが，任意の n について $h_n(n) = 1$ なのだから一様収束はしていない． □

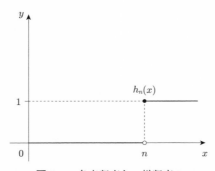

図 2.4 各点収束と一様収束 3

　以上の例からわかるように，各点収束は定義上は単純で自然ながら，かなり性質の悪い収束概念でもある．

　例えば，上の例 2.22 の $\{g_n(x)\}$ では n によらずいつまでも三角形の棘が高さ 1 のまま残っているし，例 2.23 の $\{h_n(x)\}$ ではいつまでも高さ 1 の崖が残っているのに，どちらも定数関数 0 に各点収束するのである．

　この奇妙さに比較して，一様収束では関数の姿の全体が極限の関数の付近に近づいていくわけだから，直観的にも関数列の収束として自然な概念である．

3 連続性をめぐって II：連続関数

3.1 関数と連続性

3.1.1 関数の連続性

区間 $I \subset \mathbb{R}$ 上で定義された関数 $f : I \to \mathbb{R}$ が $a \in I$ において**連続**であるとは[*1]，$x \to a$ のとき $f(x)$ の極限が存在して $f(a)$ に等しいこと，すなわち，以下の関係が成り立つことである：

$$\lim_{x \to a} f(x) = f(a).$$

より正確に書けば，任意の $\varepsilon > 0$ に応じてある $\delta \in \mathbb{R}$ が存在して，$|x - a| < \delta$ である任意の $x \in I$ について

$$|f(x) - f(a)| < \varepsilon$$

が成立することである．

数列の極限（2.2.1 項）のときと同様，この論理的表現の心を述べれば，どんなに小さな誤差 ε を要請されたとしても，それに応じて十分に小さく δ を選べば，a との誤差が δ 未満であるような x については関数の値 $f(a)$ と $f(x)$ の誤差も ε 未満に収めることができる[*2]，つまり，x を a に近づければいくらでも $f(x)$ は $f(a)$ に近づく．

また，任意の $a \in I$ において連続ならば，f は（I 上で）連続である，または，**連続関数**であると言う．

[*1] 一般の定義域 $D \subset \mathbb{R}$ 上で定義しても論理的には問題はないが，通常，関数の連続性に興味があるのは定義域自体が連続性を持つ場合なので，本書では区間に限定しておく．

[*2] この議論は伝統的に ε と δ の文字を使うので，「ε-δ 論法」などと呼ばれている．もちろん他の文字を使っても差し支えないが，"ε" の文字はいくらでも小さい量に用いられることが多い．

3.1.2　関数の連続，不連続の微妙な例

初学者は関数の連続性を第 0.1.1 項の図 1 で見たような自明なものに考えがちだが，厳密な定義に戻って調べないとわからない微妙な例もある．

例えば，以下のように定めた関数 $f:(0, 1) \to \mathbb{R}$ は $x \in (0, 1)$ が有理数なら x で連続でないが，無理数なら連続；

$$f(x) = \begin{cases} \dfrac{1}{q} & (\text{既約分数で書いて } x = \dfrac{p}{q} \text{ のとき}), \\ 0 & (x \text{ が無理数のとき}). \end{cases}$$

なぜなら，有理数 x のいくらでも近くに無理数 y があるので，$\dfrac{1}{q}$ より小さい $\varepsilon > 0$ に対してはどのように δ を選んでも，$|x-y| < \delta$ ならば $|f(x) - f(y)| = \left| \dfrac{1}{q} - 0 \right| < \varepsilon$ が成り立つようにできない．

一方で，x が無理数ならば，それに十分近い有理数は既約分数で $x = \dfrac{p}{q}$ と書いたとき q が大きく（以下の例題 3.1），$\dfrac{1}{q}$ は $f(x) = 0$ に近い．よって，任意の $\varepsilon > 0$ に対し，十分小さく $\delta \in \mathbb{R}$ を選べば，$|x-y| < \delta$ について（y が有理数でも無理数でも）$|f(x) - f(y)| = f(y) < \varepsilon$．

例題 3.1　上の議論の中で，x が無理数ならばその近くの有理数を既約分数で $\dfrac{p}{q}$ と書いたとき，q が大きいのはなぜか．（ヒント：分母 q がある自然数 N（例えば 4）以下になる有理数だけを考えて，f のグラフの概形を描いてみる）　▯

3.2　関数の連続性のやさしい性質

3.2.1　連続関数の線形結合，積，商は連続

関数の連続性は関数の基本的な演算（1.5.2 項）でも以下のように保存される．

$D \subset \mathbb{R}$ 上で定義された関数 $f, g : D \to \mathbb{R}$ と $\alpha, \beta \in \mathbb{R}$ について，対応 $x \mapsto \alpha f(x) + \beta g(x)$ によって定まる関数 $(\alpha f + \beta g) : D \to \mathbb{R}$ のことを f, g の**線形結合**と言う．

関数の値の極限の性質(2.4.2項)の(1)と(2)より，区間 I 上で定義された関数 f, g が点 $a \in I$ で連続ならば，$x \to a$ のとき $\alpha f(x) + \beta g(x) \to \alpha f(a) + \beta g(a)$ だから，連続関数 f, g の線形結合も連続関数．

同様にして，同性質の(3)より，$x \to a$ のとき $f(x)g(x) \to f(a)g(a)$ だから，対応 $x \mapsto f(x)g(x)$ によって定まる関数 $fg : I \to \mathbb{R}$ も連続．

また，同性質の(3)と(4)より，対応 $x \mapsto \dfrac{f(x)}{g(x)}$ によって定まる関数 $\dfrac{f}{g} : E \to \mathbb{R}$ も連続．ただし，$\dfrac{f}{g}$ の定義域 $E \subset \mathbb{R}$ は I から $g(x) = 0$ となる点 x を除いたもの，つまり $E = \{x \in I : g(x) \neq 0\}$．

以上の関係と，$f(x) = x$ が連続の定義より自明に連続であることを用いれば，多項式関数と有理関数(1.5.3項)も連続である．

3.2.2　連続関数の合成関数は連続

2つの関数 $f : A \to B$, $g : C \to D$ について $g(C) \subset A$ であるとき，合成写像 $f \circ g$ を考えることができる(1.2.3項)．特にこれを f, g の**合成関数**と言う．

区間 I, J に対し，$f : I \to \mathbb{R}$, $g : J \to \mathbb{R}$ がともに連続で $g(J) \subset I$ ならば，合成関数 $f \circ g$ も連続である．なぜならば，示すべきことは x, y が近ければ $f(g(x))$ と $f(g(y))$ も近いことだが，g が連続なので x と y が近ければ $g(x)$ と $g(y)$ も近く，f も連続なので $f(g(x))$ と $f(g(y))$ も近い．

これを正確に述べるには，g は $x \in J$ で連続，f は $g(x) \in I$ で連続として，$f \circ g$ が $x \in J$ で連続であることを示せばよい．f が $g(x)$ で連続であることより，任意の $\varepsilon > 0$ に対して，$|g(x) - g(y)| < \delta$ ならば $|f(g(x)) - f(g(y))| < \varepsilon$ であるように δ が選べる．

さらに g が x で連続であることより，この δ に対して，$|x - y| < \delta'$ ならば $|g(x) - g(y)| < \delta$ であるような δ' が選べる．

よって，この δ' について $|x - y| < \delta'$ ならば $|f(g(x)) - f(g(y))| < \varepsilon$．ゆえに，$f \circ g$ は x において連続．

3.2.3　連続関数の一様収束の極限は連続

同じ区間 I で定義された連続関数の列 $f_1, f_2, \ldots$ が f に一様収束するなら

(2.5.1 項)，f も連続である．

　実際，f に一様収束の意味で十分近い f_n をとれば，x が a に近いとき，一様収束より $f(x)$ は $f_n(x)$ に近く，$f(a)$ も $f_n(a)$ に**同じ程度**に近く，また f_n の連続性より $f_n(x)$ は $f_n(a)$ に近いから，以上をあわせて $f(x)$ は $f(a)$ に近い．

　正確に述べれば，$\{f_n\}$ が f に一様収束することより，任意の $\varepsilon > 0$ に応じて，ある $N \in \mathbb{N}$ が存在して，$n > N$ ならば任意の $x \in I$ において $|f_n(x) - f(x)| < \dfrac{\varepsilon}{3}$ であるようにできる．もちろん，$|f_n(a) - f(a)| < \dfrac{\varepsilon}{3}$ でもある．

　また，f_n は連続だから，上と同じ ε に応じて，ある δ が存在して $|x - a| < \delta$ ならば $|f_n(x) - f_n(a)| < \dfrac{\varepsilon}{3}$．

　「望遠鏡和」(2.2.5 項，脚注 5)の評価を用いると，この n, x, a に対して，

$$|f(x) - f(a)| = |\{f(x) - f_n(x)\} + \{f_n(x) - f_n(a)\} + \{f_n(a) - f(a)\}|$$
$$\leq |f(x) - f_n(x)| + |f_n(x) - f_n(a)| + |f_n(a) - f(a)| < \varepsilon.$$

ゆえに $f(x)$ も任意の点 a で連続．

　この証明からもわかるように，各点収束しているだけでは連続性が保証されない．実際，第 2.5.2 項の例 2.21 で挙げた f_n は n によらず任意の点 $x \in [0,1]$ で連続だが，その各点収束の極限 f は $x = 1$ において連続でない．

3.3　中間値の定理

3.3.1　中間値の定理の主張

連続関数の最も基本的な性質が，以下の**中間値の定理**である．

定理 3.2(中間値の定理)　区間 I 上の連続関数 $f : I \to \mathbb{R}$ と $a < b$ を満たす $a, b \in I$ について，$f(a) < \gamma$ かつ $\gamma < f(b)$ ならば，$f(c) = \gamma$ となる $c \in (a, b)$ が存在する．　　　　　　　　　　　　　　　　　　　　　　　　　　　　　　□

　もちろん，$f(a), f(b)$ の大小関係が逆に「$\gamma < f(a)$ かつ $f(b) < \gamma$」であっても，同じ結論が成り立つ($-f$ を考えよ)．

　この定理の主張は「連続な関数が 2 つの値をとれば，その間の値もとる」

という当然の事実だが，連続性自体が直観でとらえきれない概念である以上，その上に解析学を築くためには厳密な証明が必要である．証明は次項で与える．

なお，中間値の定理はこのような c が少なくとも 1 つは存在する，と主張するだけで，それがいくつあるのか，(a,b) のどこにあるのか，など，他の性質については何も述べないことを注意しておく．

3.3.2　中間値の定理の証明

$f(x)$ と γ の大小が入れ替わる場所に，実数の連続性を用いて無限に迫っていけることを正確に述べればよい．以下では有界集合の上限の存在（2.1.4 項）を用いてこれを示す．

実数の部分集合 $A = \{x \in [a,b] : f(x) < \gamma\}$ は空集合ではなく（少なくとも $a \in A$），上に有界だから，上限 $c = \sup A$ が存在する．実はこの c において $f(c) = \gamma$ であることを示そう．

c は A の上限だから，$n \to \infty$ のとき $x_n \to c$ となる数列 $\{x_n\} \subset A$ がとれる（2.2.3 項，定理 2.10）．これに対し数列 $\{f(x_n)\}$ を考えれば $f(x_n) < f(\gamma)$ だから，f の連続性と極限の順序の性質（2.2.6 項）より

$$f(c) = \lim_{n \to \infty} f(x_n) \leq \gamma.$$

一方，c は A の上限であることより $c < x$ ならば $x \notin A$ なのだから，任意の自然数 $n \in \mathbb{N}$ について $f\left(c + \dfrac{1}{n}\right) \geq \gamma$ であり，再び極限の順序の性質より

$$f(c) = \lim_{n \to \infty} f\left(c + \frac{1}{n}\right) \geq \gamma.$$

以上の両側の不等式をあわせて，$f(c) = \gamma$．この c は $[a,b]$ の元だったが，$f(a), f(b) \neq \gamma$ より，$c \in (a,b)$．

3.3.3　連続関数の逆関数

狭義単調増加する関数 $f : D \to \mathbb{R}$ については逆関数 $f^{-1} : f(D) \to \mathbb{R}$ が存在するのだった（1.3.4 項）．この f が連続で定義域 D が特に区間であれば，逆

関数 f^{-1} も連続である．これは直観的には明らかだが，厳密な証明は中間値の定理(3.3.1 項)に訴えることになる．

簡単のため，定義域が閉区間 $[a, b]$ 上である場合に示そう[*3]．まず，中間値の定理より，任意の $\gamma \in [f(a), f(b)]$ について $f(c) = \gamma$ となる $c \in (a, b)$ が存在するから，$[a, b]$ の像 $f([a, b])$ は区間 $[f(a), f(b)]$ である．よって，f の狭義単調性より，$f^{-1} : [f(a), f(b)] \to \mathbb{R}$ が定義できて，f^{-1} も狭義単調増加．

以下，$\gamma \in [f(a), f(b)]$ で f^{-1} が連続であることを示す．$c = f^{-1}(\gamma) \in (a, b)$ とおくと，f は狭義単調増加だから $c - \varepsilon, c + \varepsilon \in [a, b]$ を満たす任意の $\varepsilon > 0$ について $f(c - \varepsilon) < f(c) = \gamma < f(c + \varepsilon)$ である．

よって，$f(c) - f(c - \varepsilon)$ と $f(c + \varepsilon) - f(c)$ の大きくない方を δ とおくと，

$$f(c - \varepsilon) \leq \gamma - \delta < \gamma + \delta \leq f(c + \varepsilon),$$

すなわち，

$$c - \varepsilon \leq f^{-1}(\gamma - \delta) < f^{-1}(\gamma + \delta) \leq c + \varepsilon.$$

ゆえに，$|\gamma - y| < \delta$ ならば，$\gamma - \delta < y < \gamma + \delta$ より

$$c - \varepsilon < f^{-1}(y) < c + \varepsilon.$$

$c = f^{-1}(\gamma)$ だったから，$|f^{-1}(\gamma) - f^{-1}(y)| < \varepsilon$ となって，f^{-1} は点 γ で連続．f が狭義単調減少の場合も同様．

3.4   一様連続性

3.4.1   一様連続性の定義

$f : I \to \mathbb{R}$ が I 上で連続であるとは，どの点 $a \in I$ でも連続であることだったから(3.1.1 項)，誤差の要請 $\varepsilon > 0$ が与えられたとき，δ は点 $a \in I$ に依存して，$|a - x| < \delta$ ならば $|f(a) - f(x)| < \varepsilon$ であるように選べる．しかし，この δ はその点 a ごとに異なってもよい．

[*3]   一般の区間でも同様だが，中間値の定理から区間の像も区間であることを示す部分で，厳密には実数の連続性を用いたやや面倒な議論が必要になる．例えば吉田 [14] に詳しい．

一方，この単なる連続性よりも良い性質として，この δ が $a \in I$ に依存せず定められる場合，すなわち，与えられた $\varepsilon > 0$ に応じて，$|x-a| < \delta$ である任意の $a, x \in I$ について上の評価が成立するよう δ が選べるとき，f は I 上で**一様連続**であると言う．

3.4.2 一様連続性の例

例 3.3 $f(x) = \dfrac{1}{x}$ で定義される関数 $f : (0,1] \to \mathbb{R}$ はどの点 $a \in (0,1]$ でも連続だが，$(0,1]$ 上で一様連続ではない． □

実際，

$$|f(x) - f(a)| = \left| \frac{1}{x} - \frac{1}{a} \right| = \frac{|a-x|}{xa}$$

だから，点 a ごとには，与えられた $\varepsilon > 0$ に対し $|x-a| < \delta$ ならば上式が ε より小さくなるように δ を選べる．よって，任意の点 $a \in (0,1]$ で連続．

しかし，上式右辺は $|x-a| < \delta$ であっても分母 xa が 0 に近いほどいくらでも大きい．よって，$|f(x) - f(a)| < \varepsilon$ とするには a に依存して δ をより小さくとらねばならず，与えられた $\varepsilon > 0$ に対し，すべての $a \in (0,1]$ に対して同じ δ で評価することができない（図 3.1）．しかし同じ $x \mapsto \dfrac{1}{x}$ で表される関数でも定義域が $[1,2]$ ならば一様連続である．

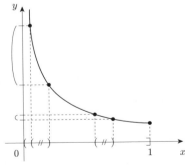

図 3.1 $\dfrac{1}{x}$ は $(0,1]$ 上で連続だが一様連続でない

上の例では定義域が区間の端点を含んでいないことが一様連続性を妨げていたが，以下の例では，定義域が無限に広いことが原因になっている．

例 3.4 $g(x) = x^2$ で定まる関数 $g : \mathbb{R} \to \mathbb{R}$ は連続だが一様連続ではない．   〼

なぜなら，$|x - y|$ が一定であっても，x, y が大きいほど

$$|g(x) - g(y)| = |x^2 - y^2| = |x - y||x + y|$$

はいくらでも大きくなるから一様に評価することができない．しかし，定義域 $\mathbb{R}$ を有界な区間に代えれば一様連続である．

これらの差から想像されるように，一様連続性の本質は定義域の性質にある．次項では閉区間上で定義された連続関数は一様連続であることを示す．

3.4.3   閉区間上の連続関数は一様連続

閉区間上の連続関数は常に一様連続である．なぜなら，一様連続ではないならば，ある $\varepsilon > 0$ に対してはどんなに小さく δ を選んでも，幅 ε より離れた2つの値がとれるが，これより同じ値に収束しない2つの数列が作れて，BWT（2.3.2項）に矛盾する．以下では背理法を用いてこれを厳密に示そう．

閉区間 $[a, b]$ 上の連続関数 f が一様連続ではない，と仮定する．つまり，ある $\varepsilon > 0$ が存在して，どのように $\delta \in \mathbb{R}$ をとっても，$|x - y| < \delta$ かつ $|f(x) - f(y)| \geq \varepsilon$ となる $x, y \in [a, b]$ が存在する．

よって，特に $\delta = \dfrac{1}{n}$，$(n \in \mathbb{N})$ とすれば，$|x_n - y_n| < \dfrac{1}{n}$ かつ $|f(x_n) - f(y_n)| \geq \varepsilon$ となる $x_n, y_n \in [a, b]$ がとれる．

2つの数列 $\{x_n\}, \{y_n\}$ は $[a, b]$ に含まれる数列だから，BWT の系（2.3.2項，定理 2.19）より，それぞれ収束する部分列 $\{x_{n_k}\}_{k \in \mathbb{N}}, \{y_{m_k}\}_{k \in \mathbb{N}}$ が選べて各極限 x_∞, y_∞ は $[a, b]$ の元であり，しかも $x_\infty = y_\infty$ である．実際，

$$|x_{n_k} - y_{m_k}| = |x_{n_k} - y_{n_k} + y_{n_k} - y_{m_k}| \leq |x_{n_k} - y_{n_k}| + |y_{n_k} - y_{m_k}|$$

となって，右辺第1項は $1/n_k$ 以下であること，第2項は収束列はコーシー列であること（2.2.4項）より0に収束して $\displaystyle \lim_{k \to \infty} (x_{n_k} - y_{m_k}) = 0$ だから，極限 x_∞, y_∞ について $x_\infty = y_\infty$（2.2.7項，例題 2.17）．

ゆえに，f の連続性および極限の性質(2.2.6 項，2.2.7 項)より

$$0 = |f(x_\infty) - f(y_\infty)| = \lim_{k \to \infty} |f(x_{n_k}) - f(y_{m_k})| \geq \varepsilon > 0$$

となって矛盾．よって $f:[a,b] \to \mathbb{R}$ は一様連続．

3.5 最大値の定理

3.5.1 最大値の定理の主張

ある定義域 D 上で定義された関数 $f:D \to \mathbb{R}$ について，最も重要な情報の 1 つは f が**最大値**や**最小値**を持つかどうかである．

一様連続性(3.4.3 項)の他に，閉区間上の連続関数が持つもう 1 つの重要な性質として，以下のように最大値の存在が保証される．この定理も閉区間の特別な性質による．

定理 3.5(最大値の定理)　閉区間 $[a,b]$ 上で定義された連続関数 $f:[a,b] \to \mathbb{R}$ は最大値 $f(z)$ を持つ．すなわち，任意の $x \in [a,b]$ に対して，$f(x) \leq f(z)$ となるような $z \in [a,b]$ が存在する． □

f の代わりに $-f$ を考えれば，この定理から直ちに最小値も存在すること，つまり，任意の $x \in [a,b]$ に対して $f(x) \geq f(z)$ となるような $z \in [a,b]$ が存在することもわかる．

3.5.2 最大値の定理の証明

一様連続性の証明(3.4.3 項)から予想されるように，この証明も本質的に BWT (2.3.2 項)を用いる．示すべきことは，連続関数 $f:[a,b] \to \mathbb{R}$ に対し値域 $f([a,b])$ が最大値を持つことである．

まず値域 $f([a,b])$ は上に有界である．実際，もし有界でなければ，f の値が発散する数列が $[a,b]$ の中にとれて，BWT に矛盾する．よって実数の連続性より $f([a,b])$ の上限が存在し，f の値がこの上限に収束する数列が $[a,b]$ の中にとれて，再び BWT よりこの上限は $f([a,b])$ に含まれ，すなわち最大値である．以下ではこの手続きを正確に述べよう．

もし $f([a,b])$ が上に有界でないと仮定すると，$f(x_n) \to \infty$ となる数列 $\{x_n\}$ $\subset [a,b]$ がとれて，BWT の系（定理 2.19）より収束する部分列 $\{x_{n_k}\}_{k \in \mathbb{N}}$ が選べ，この極限 x_∞ は $[a,b]$ の元．よって，f の連続性より $f(x_\infty) = \lim\limits_{k \to \infty} f(x_{n_k})$ $< \infty$ だが，$\{f(x_{n_k})\}_{k \in \mathbb{N}}$ が発散する $\{f(x_n)\}_{n \in \mathbb{N}}$ の部分列であることに矛盾．実際，n_k が望むだけ大きくなるように k がとれて，いくらでも $f(x_{n_k})$ を大きくできる．ゆえに，背理法によって $f([a,b])$ は上に有界．

したがって，実数の連続性（2.1.4 項）よりその上限 $y^* = \sup f([a,b])$ が存在する．ゆえに $\lim\limits_{n \to \infty} f(c_n) = y^*$ となる数列 $\{c_n\}$ が $[a,b]$ にとれる（2.2.3 項，定理 2.10）．

再び BWT の系より，この数列から収束する部分列 $\{c_{n_k}\}_{k \in \mathbb{N}}$ がとれて，その極限 c_∞ は $[a,b]$ の元．ゆえに，f の連続性より，

$$y^* = \lim_{k \to \infty} f(c_{n_k}) = f(c_\infty)$$

となって，上限 y^* は $f([a,b])$ の元であり最大値．すなわち，f は $c_\infty \in [a,b]$ において最大値 $y^* = f(c_\infty)$ をとる．

4 積 分

4.1 積分の定義

4.1.1 階段関数とその積分

実数 $a<b$ で定まる閉区間 $[a,b]$ 上の関数 $f:[a,b]\to\mathbb{R}$ が，$a=a_0<a_1<a_2<\cdots<a_{n-1}<a_n=b$ なる a_j に対し，各開区間 (a_{j-1},a_j)，$(j=1,\dots,n)$ 上では定数 $c_j\in\mathbb{R}$ であるとき，f は**階段関数**である，と言う（各点 a_j での値 $f(a_j)$ には特に仮定をおかない）．

グラフの概形を描けば以下の図 4.1 のようになる．

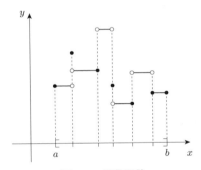

図 4.1 階段関数

この階段関数 f の積分を以下で定める；

$$(4.1) \qquad \int_a^b f(x)\,dx = \sum_{j=1}^n c_j(a_j - a_{j-1}).$$

階段関数の表し方は一意的でない．例えば，$a_{j-1}<a'<a_j$ なる a' をとって (a_{j-1},a_j) を 2 つの区間 (a_{j-1},a')，(a',a_j) に分け，$f(a')=c_j$ かつ，それぞれの上で同じ定数 c_j の値をとるとしても関数としては同じである．しかし，階

段関数の表し方によらず上の積分は同じ値になることに注意しておく.

4.1.2 階段関数の積分の性質

階段関数の積分について以下の性質が成り立つことは,定義(4.1)とその値が階段関数の具体的な書き方によらないことから直ちに確認できる.

(1) (線形性)階段関数 $f, g : [a, b] \to \mathbb{R}$ と $\lambda, \mu \in \mathbb{R}$ に対し,線形結合(3.2.1 項) $\lambda f + \mu g$ も階段関数で,以下を満たす:

$$\int_a^b (\lambda f + \mu g)(x)\, dx = \lambda \int_a^b f(x)\, dx + \mu \int_a^b g(x)\, dx.$$

(2) (単調性)階段関数 $f, g : [a, b] \to \mathbb{R}$ が任意の $x \in [a, b]$ について $f(x) \le g(x)$ ならば,

$$\int_a^b f(x)\, dx \le \int_a^b g(x)\, dx.$$

特に,$f(x) = 0$(定数関数)として,任意の x について $0 \le g(x)$ ならば,

$$0 \le \int_a^b g(x)\, dx.$$

また,特に $g(x) = |f(x)|$ として,以下が成立する:

$$\left| \int_a^b f(x)\, dx \right| \le \int_a^b |f(x)|\, dx.$$

(3) (区間加法性)階段関数 $f : [a, b] \to \mathbb{R}$ と $t \in (a, b)$ について,

$$\int_a^t f(x)\, dx + \int_t^b f(x)\, dx = \int_a^b f(x)\, dx.$$

最後の区間加法性では,$[a, b]$ 上の階段関数が $[a, t]$ 上で(そして $[t, b]$ 上で)だけ定義されているとしても階段関数なので,左辺の 2 つの積分も正しく定義されていることに注意せよ.

4.1.3 積分の定義

閉区間 $[a, b]$ 上で定義された階段関数の列 $f_n : [a, b] \to \mathbb{R}, (n = 1, 2, \dots)$ が $f : [a, b] \to \mathbb{R}$ に一様収束するとき(2.5.1 項),f の積分を f_n の積分の(数列の)極

限で以下のように定義する[*1]：

$$(4.2) \qquad \int_a^b f(x)\,dx = \lim_{n\to\infty} \int_a^b f_n(x)\,dx.$$

ただし，この定義が正しく意味を持つには，上式右辺の極限が存在すること（次項），および，この定義は近似列 $\{f_n\}$ に依存しているが，f に一様収束していれば $\{f_n\}$ の選び方にはよらず同じ極限が定まること（4.1.5 項）の以上二点を保証しなければならない．

4.1.4 積分が存在すること

関数列 f_n が f に一様収束することから，各点 x で $\{f_n(x)\}$ はコーシー列であり（2.2.4 項），しかもこの評価は x によらず一様だから，それらの積分の値もコーシー列になり，極限が存在する．これを以下で正確に述べる．

階段関数の列 $\{f_n\}$ が f に一様収束しているならば，任意の $\varepsilon > 0$ に応じてある N が存在して，任意の $n > N$ について，任意の $x \in [a,b]$ に対し $|f_n(x) - f(x)| < \varepsilon$．よって，$n, m > N$ ならば任意の x について一様に

$$|f_n(x) - f_m(x)| = |\{f_n(x) - f(x)\} + \{f(x) - f_m(x)\}|$$
$$\leq |f_n(x) - f(x)| + |f(x) - f_m(x)| < 2\varepsilon.$$

この評価と，階段関数の積分の線形性と単調性より（4.1.2 項），任意の n，$m > N$ について

$$\left| \int_a^b f_n(x)\,dx - \int_a^b f_m(x)\,dx \right| = \left| \int_a^b \{f_n(x) - f_m(x)\}\,dx \right|$$
$$\leq \int_a^b |f_n(x) - f_m(x)|\,dx \leq \int_a^b 2\varepsilon\,dx.$$

この最右辺の定数 2ε の積分は，$[a,b]$ 上で一定の値 2ε をとる階段関数の積分に他ならないから，定義より $2\varepsilon(b-a)$ に等しい．

よって，右辺がいくらでも小さくなるよう N が選べて，$\left\{ \displaystyle\int_a^b f_n(x)\,dx \right\}_{n\in\mathbb{N}}$

[*1] リーマン積分に対し，この定義による積分をコーシー積分と呼ぶ文献もあるが（ディユドネ [8]），複素積分を想像させるためか，この名称は一般的ではないようである．

はコーシー列であり，極限が存在する(2.2.4項)．

4.1.5 　積分が近似列によらず定まること

前項と同様の議論を 2 つの近似列について実行すればよい．

階段関数の列 $\{f_n\}$ も $\{g_n\}$ も同じく f に一様収束しているならば，任意の $\varepsilon > 0$ に応じてある N が存在して任意の $n > N$ について，任意の $x \in [a, b]$ に対し一様に $|f_n(x) - f(x)| < \varepsilon$ かつ $|f(x) - g_n(x)| < \varepsilon$ とできるから，

$$|f_n(x) - g_n(x)| = |\{f_n(x) - f(x)\} + \{f(x) - g_n(x)\}|$$
$$\leq |f_n(x) - f(x)| + |f(x) - g_n(x)| < \varepsilon + \varepsilon = 2\varepsilon$$

が任意の x で成立する．

よって，階段関数の積分の線形性と単調性より(4.1.2項)，

$$\left| \int_a^b f_n(x)\,dx - \int_a^b g_n(x)\,dx \right| = \left| \int_a^b \{f_n(x) - g_n(x)\}\,dx \right|$$
$$\leq \int_a^b |f_n(x) - g_n(x)|\,dx \leq \int_a^b 2\varepsilon\,dx = 2(b-a)\varepsilon.$$

ゆえに

$$\lim_{n \to \infty} \int_a^b f_n(x)\,dx = \lim_{n \to \infty} \int_a^b g_n(x)\,dx$$

であり(2.2.7項，例題 2.17)，前々項(4.2)式は近似列の具体的な選び方には依存せずに積分を定義している．

以上のように第 4.1.3 項の意味で f の積分が定義できるとき，f は**積分可能**である，とも言う．

4.2 　積分の性質

4.2.1 　線形性

積分の定義(4.1.3項)と極限の性質(2.2.6項，2.2.7項)から，階段関数の積分の性質(4.1.2項)が一様収束極限の関数の積分についてもそのまま成り立つ．

線形性については，f, g にそれぞれ一様収束する階段関数による近似列 $\{f_n\}, \{g_n\}$ に対し，$\lambda f_n + \mu g_n$ は $\lambda f + \mu g$ に一様収束する階段関数だから，

$$\int_a^b (\lambda f + \mu g)(x) \, dx$$
$$= \lim_{n \to \infty} \int_a^b (\lambda f_n + \mu g_n)(x) \, dx = \lim_{n \to \infty} \left\{ \lambda \int_a^b f_n(x) \, dx + \mu \int_a^b g_n(x) \, dx \right\}$$
$$= \lambda \lim_{n \to \infty} \int_a^b f_n(x) \, dx + \mu \lim_{n \to \infty} \int_a^b g_n(x) \, dx = \lambda \int_a^b f(x) \, dx + \mu \int_a^b g(x) \, dx.$$

4.2.2 単調性

まず，単調性の特別な場合として，非負関数の積分は非負であることを示す．

$f : [a, b] \to \mathbb{R}$ を非負，つまり任意の $x \in [a, b]$ について $f(x) \geq 0$ とし，$\{f_n\}$ を f に一様収束するような階段関数の列とするとき，この $\{f_n\}$ を変形して f に一様収束する非負の階段関数の列 $\{\tilde{f}_n\}$ が作れる（本項末の例題 4.1）．以下では簡単のためこれを同じ $\{f_n\}$ という記号で書く．

階段関数の積分の単調性から任意の n について $\int_a^b f_n(x) \, dx \geq 0$ であることと極限の順序の性質（2.2.6 項）より

$$\int_a^b f(x) \, dx = \lim_{n \to \infty} \int_a^b f_n(x) \, dx \geq 0$$

となって，f の積分も非負．

次に，任意の $x \in [a, b]$ に対して $f(x) \leq g(x)$ であるような $f, g : [a, b] \to \mathbb{R}$ については，今示した単調性を $h(x) = g(x) - f(x)$ で定義した関数 $h : [a, b] \to \mathbb{R}$ に用いればよい．

実際，任意の x について $h(x) \geq 0$ だから，h に一様収束する非負の階段関数の列 $\{h_n\}$ がとれて，積分の線形性（4.2.1 項）と上の議論より，

$$\int_a^b g(x) \, dx - \int_a^b f(x) \, dx = \int_a^b h(x) \, dx = \lim_{n \to \infty} \int_a^b h_n(x) \, dx \geq 0.$$

なお，単調性から直ちにしたがうが，階段関数の積分の性質でも述べた以下の関係はしばしば役に立つ；

$$(4.3) \qquad \left| \int_a^b f(x)\,dx \right| \le \int_a^b |f(x)|\,dx.$$

例題 4.1　$\{f_n\}$ を非負関数 $f:[a,b]\to\mathbb{R}$ に一様収束する（非負とは限らない）階段関数の列とする．このとき，f_n を変形して f に一様収束する非負の階段関数の列 $\{\tilde{f}_n\}$ を作れ．（ヒント：各区間で $\max\{f_n(x),0\}$ を新たな階段関数の値とする）　　　　　　　　　　　　　　　　　　　　　　　　　　　　　　 ▯

4.2.3　区間加法性

$f:[a,b]\to\mathbb{R}$ に一様収束する階段関数 f_n に対し，階段関数の積分の区間加法性（4.1.2 項）より $t\in(a,b)$ について

$$\int_a^t f_n(x)\,dx + \int_t^b f_n(x)\,dx = \int_a^b f_n(x)\,dx$$

だから，この両辺の $n\to\infty$ の極限をとれば，

$$\int_a^t f(x)\,dx + \int_t^b f(x)\,dx = \int_a^b f(x)\,dx.$$

さらに，$a<t<b$ のときに限らず上式が成り立つように，

$$\int_b^a f(x)\,dx = -\int_a^b f(x)\,dx$$

と定義する．また，これと整合的に，特別な場合として以下のように定める；

$$\int_a^a f(x)\,dx = 0.$$

4.3　連続関数の積分

4.3.1　連続関数の階段関数による近似

階段関数の一様収束極限であるような関数は実際かなり広いクラスだが[*2]，重要なのはこのクラスが閉区間上の連続関数を含むことである．これは一様連

[*2]　このクラスはすべての点でその点の左側だけからの近似点列による極限と，右側だけからによる極限の両方が存在する関数たちに等しい．例えば，ディユドネ [8] の第 7 章第 6 節参照．[8] ではこのクラスの関数を "fonction réglée"（regulated function，方正関数）と呼んでいる．

続性(3.4.1項)から以下のように確認できる.

　閉区間上の連続関数 $f:[a,b]\to\mathbb{R}$ に対し, 区間 $[a,b]$ を n 等分してその分点を a_j とする. 具体的に書けば, $a_j=a+(b-a)\dfrac{j}{n}$, $(j=0,\dots,n-1)$ と $a_n=b$. これらに対し $x_j\in[a_j,a_{j+1})$ であるように各 x_j を選び(この x_j の選び方は任意だが例えば $x_j=a_j$),

$$f_n(x)=f(x_j),\quad(x\in[a_j,a_{j+1})\text{ のとき})$$

という階段関数を考える.

　閉区間上の連続関数は一様連続だったから(3.4.3項), 任意の $\varepsilon>0$ に応じて, ある $\delta\in\mathbb{R}$ が存在して, $|x-y|<\delta$ を満たす任意の $x,y\in[a,b]$ について, $|f(x)-f(y)|<\varepsilon$.

　よって, $\max\{a_{j+1}-a_j:j=0,1,\dots,n-1\}<\delta$ となるように n を大きく選べば, 任意の $x\in[a_j,a_{j+1})$ について $|f(x)-f(x_j)|<\varepsilon$ なのだから, 任意の $x\in[a,b]$ について一様に $|f(x)-f_n(x)|<\varepsilon$.

　ゆえに, この $\{f_n\}$ は $n\to\infty$ のとき f に一様収束しており, したがって, f_n の積分の極限として閉区間上の連続関数の積分が定義できる.

4.3.2　階段関数による近似の例

　閉区間 $[0,1]$ 上で定義された連続関数 $f(x)=x^2$ に対し, 分点 $a_j=\dfrac{j}{n}$, $(j=0,1,\dots,n-1)$ と $a_n=1$ によって $[0,1]$ 区間を n 等分し, 階段関数 f_n を

$$f_n(x)=f(a_j)=\left(\frac{j}{n}\right)^2,\quad(x\in[a_j,a_{j+1})\text{ のとき})$$

で定めると, 前項で見たように f に一様収束する.

　この f_n の積分は

$$\int_0^1 f_n(x)\,dx=\sum_{j=0}^{n-1}\left(\frac{j}{n}\right)^2\frac{1}{n}=\frac{1}{n^3}\sum_{j=0}^{n-1}j^2.$$

　ここで, j^2 の総和の部分によく知られた公式

$$(4.4)\qquad\sum_{j=1}^{n}j^2=\frac{n(n+1)(2n+1)}{6}$$

を用いれば,

$$\int_0^1 f_n(x)\,dx = \frac{1}{n^3}\frac{(n-1)n(2n-1)}{6} = \frac{2n^2-3n+1}{6n^2} = \frac{1}{3} - \frac{1}{2n} + \frac{1}{6n^2}$$

だから,

$$\int_0^1 x^2\,dx = \lim_{n\to\infty}\left(\frac{1}{3} - \frac{1}{2n} + \frac{1}{6n^2}\right) = \frac{1}{3}.$$

ちなみに,上で用いた総和公式(4.4)を確認するには,その右辺を $S(n)$ とおいて,その**差分**,すなわち $S(n)-S(n-1)$ を計算すればすぐわかる.実際,

$$S(n)-S(n-1) = \frac{n(n+1)(2n+1)-(n-1)n(2n-1)}{6} = n^2$$

だから,

$$\begin{aligned}
\sum_{j=1}^n j^2 &= \{S(1)-S(0)\} + \{S(2)-S(1)\} + \cdots + \{S(n)-S(n-1)\}\\
&= -S(0) + \{S(1)-S(1)\} + \cdots + \{S(n-1)-S(n-1)\} + S(n)\\
&= S(n)-S(0) = S(n).
\end{aligned}$$

このように求めたい量の差分を寄せ集めて全体を計算することを**和分**と言う.この観点からは,のちに見る微分(5.1.3項)とは無限に小さな差分であり,その微分を寄せ集めて全体を求めることが積分である.

4.3.3 最大値による評価と平均値の定理

最大値の定理(3.5.1項)より閉区間上の連続関数には最大値と最小値が存在するのだったから,これを用いて積分の基本的評価が得られる.

連続関数 $f:[a,b]\to\mathbb{R}$ の最大値を M,最小値を m とすると,任意の $x\in[a,b]$ について $m\le f(x)\le M$ だから,積分の単調性(4.2.2項)より

$$\int_a^b m\,dx \le \int_a^b f(x)\,dx \le \int_a^b M\,dx.$$

したがって,

$$m(b-a) \le \int_a^b f(x)\,dx \le M(b-a).$$

これを $b-a$ で割って，

$$m \leq \frac{1}{b-a} \int_a^b f(x)\,dx \leq M$$

と書けば，この中央の値は f をこの区間で「平均」したものと解釈できるから，この不等式を(積分の)**平均値の定理**と言う．

また，$m < M$ ならば，中間値の定理(3.3.1項)によって，この m と M の中間の値である上の不等式の中央の値を与える $\xi \in (a,b)$ が，

$$\frac{1}{b-a} \int_a^b f(x)\,dx = f(\xi)$$

のように存在する($m = M$ のときは $f(x) = m$ (定数関数)なので明らか)．この ξ の存在の主張までこめて平均値の定理と言うこともある．

また，この定理を以下のように少し一般化したものもしばしば役に立つ[*3]．

上の f に対して，同区間上で定義された連続関数 g がこの区間で非負ならば，任意の $x \in [a,b]$ について

$$mg(x) \leq f(x)g(x) \leq Mg(x)$$

なのだから，

$$m \int_a^b g(x)\,dx \leq \int_a^b f(x)g(x)\,dx \leq M \int_a^b g(x)\,dx$$

であって，中間値の定理より

$$(4.5) \qquad \int_a^b f(x)g(x)\,dx = f(\xi) \int_a^b g(x)\,dx$$

となる $\xi \in (a,b)$ が存在する．

4.4 　積分の極限

4.4.1 　積分と極限の交換

微積分学の問題ではしばしば，関数の列の極限の積分が各関数の積分の極限

[*3] この主張を積分の平均値の「第一定理」，また別の主張を「第二定理」と呼ぶ流儀もある．

に等しいか，すなわち，関数の列 $f_n : [a, b] \to \mathbb{R}, (n \in \mathbb{N})$ について，

$$\int_a^b \lim_{n \to \infty} f_n(x)\, dx = \lim_{n \to \infty} \int_a^b f_n(x)\, dx$$

のように積分と極限が交換できるかどうかが問題になる.

　ここで右辺の lim は積分の値の列，つまり数列の極限だが，左辺の lim は関数列の極限だから，問題は関数列の収束の意味に依存する．しかし，これが一様収束(2.5.1 項)ならば，この交換が成立することが証明できる．実際，積分は一様収束する階段関数の積分の極限だから，関数列の収束の間に階段関数の近似を経由すればよい.

　区間 $[a, b]$ 上の積分可能(4.1.5 項)な関数の列 $\{f_n\}$ が f に一様収束しているとする.

　まず，この f も積分可能であることを示そう．$\{f_n\}$ が f に一様収束することより，任意の $\varepsilon > 0$ に応じてある $N \in \mathbb{N}$ が存在して，$n > N$ ならば任意の $x \in [a, b]$ で $|f(x) - f_n(x)| < \dfrac{\varepsilon}{2}$.

　また，各 f_n が積分可能であることより，上と同じ $\varepsilon > 0$ に応じてある $M \in \mathbb{N}$ が存在して，$m > M$ ならば任意の $x \in [a, b]$ で $|f_n(x) - s_m^{(n)}(x)| < \dfrac{\varepsilon}{2}$ となる階段関数の列 $\{s_m^{(n)}\}_{m \in \mathbb{N}}$ が存在する(この階段関数が f_n に依存して選ばれたことを上ツキの "(n)" で表した).

　よって，$n > N$, $m > M$ に対し，任意の $x \in [a, b]$ について

$$|f(x) - s_m^{(n)}(x)| \le |f(x) - f_n(x)| + |f_n(x) - s_m^{(n)}(x)| < \frac{\varepsilon}{2} + \frac{\varepsilon}{2} = \varepsilon.$$

階段関数 $s_m^{(n)}$ には 2 つの添え字 m, n があるが，与えられた ε に応じて一様評価を満たす階段関数がとれるのだから，階段関数の列が f に一様収束していて，f は積分可能.

　あとは，積分の線形性(4.2.1 項)と単調性(4.2.2 項)，および f_n が f に一様収束することより

$$\left| \int_a^b f_n(x)\, dx - \int_a^b f(x)\, dx \right| \le \int_a^b |f_n(x) - f(x)|\, dx$$
$$\le (b - a) \sup\{|f_n(x) - f(x)| : x \in [a, b]\} \to 0.$$

すなわち,

$$\lim_{n \to \infty} \int_a^b f_n(x)\, dx = \int_a^b f(x)\, dx \left(= \int_a^b \lim_{n \to \infty} f_n(x)\, dx \right).$$

4.4.2　積分と極限が交換できない例

　関数列の収束が一様でなく，各点収束にすぎないならば，一般には積分と極限は交換できない．例えば,

$$f_n(x) = \begin{cases} n^2 x & \left(0 \le x < \dfrac{1}{n} \right), \\[2mm] 2n - n^2 x & \left(\dfrac{1}{n} \le x < \dfrac{2}{n} \right), \\[2mm] 0 & \left(\dfrac{2}{n} \le x \le 1 \right) \end{cases}$$

のように定義した連続関数の列 $f_n : [0, 1] \to \mathbb{R}, (n = 1, 2, \dots)$ は，$f(x) = 0$（定数関数）に各点収束している（図 4.2）.

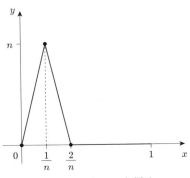

図 4.2　魔女の三角帽子

　実際，$0 < x \le 1$ について $\dfrac{2}{n} < x$ となる十分大きな n について $f_n(x) = 0$ であるし，$x = 0$ では常に $f_n(0) = 0$ だから f に各点収束．しかし，$f_n\left(\dfrac{1}{n}\right) = n$ はいくらでも大きくなるから一様収束はしていない.

f_n は閉区間上の連続関数だから積分可能で（4.3.1項），第4.3.2項にならって階段関数の近似で積分を計算すれば，三角形の面積を求めることに一致して

$$\int_0^1 f_n(x)\,dx = \frac{2}{n} \times n \times \frac{1}{2} = 1.$$

よって，

$$\lim_{n\to\infty} \int_0^1 f_n(x)\,dx = 1 \neq 0 = \int_0^1 f(x)\,dx = \int_0^1 \lim_{n\to\infty} f_n(x)\,dx.$$

4.4.3 閉区間以外の区間上の積分（広義積分）

積分の定義（4.1.3項）では関数の定義域が閉区間だと仮定していた．したがって，定義域が開区間や，有界でない $[0,\infty)$ や $\mathbb{R}$ のような区間の場合には，積分は定義されていない．しかし，区間の中に閉区間をとればその上で積分を調べることはできて，それで十分なことも多い．

ある区間 I 上で定義された関数 $f: I \to \mathbb{R}$ に対し，任意の閉区間 $[u,v] \subset I$ 上の関数 $\tilde{f}: [u,v] \to \mathbb{R}$, $x \mapsto \tilde{f}(x) = f(x)$ が積分可能ならば，f は**局所的に積分可能**，もしくは**局所積分可能**と言う．

ある関数が局所積分可能であって，その閉区間を定義域全体に拡げていくとき積分がある値に収束するのならば，その極限をもって区間全体上の関数の積分と考えることができる．

例えば，$f: [a,b) \to \mathbb{R}$ が局所積分可能であるとき（b として $+\infty$ も許す），

$$\int_a^b f(x)\,dx = \lim_{v\to b} \int_a^v f(x)\,dx$$

が存在するならば，この極限でもって左辺の積分を定義する（区間が $(a,b]$（a は $-\infty$ も許す）のときも同様）．

また，区間が (a,b) のときは（$a=-\infty$, $b=\infty$ も許す），$c \in (a,b)$ を1つ固定して，

$$\int_a^b f(x)\,dx = \lim_{u\to a} \int_u^c f(x)\,dx + \lim_{v\to b} \int_c^v f(x)\,dx$$

が存在すれば，この右辺で左辺の積分を定義する（積分と極限の性質より，右

辺が存在すれば c の選び方によらない).

このように区間を拡げたときの積分の極限で定義されたものを**広義積分**と呼ぶ. 積分と極限の性質から, 広義積分についても積分と同様のいろいろな良い性質が成り立つので, 積分の代用として十分な役割を果たすことが多い.

5 微 分

5.1 微分の定義

5.1.1 微分係数と導関数

区間 I 上で定義された関数 $f: I \to \mathbb{R}$ と，$a \in I$ について，以下の極限

$$(5.1) \qquad \lim_{x \to a, x \neq a} \frac{f(x) - f(a)}{x - a}$$

が存在するとき，f は点 a において**微分可能**である，**微分できる**，**滑らか**であるなどと言い，この値を $f'(a)$ と書いて f の点 a における**微分係数**と言う．

さらに，任意の $a \in I$ について微分係数 $f'(a)$ が存在するとき，f は(I 上で)微分可能であると言う．このとき，対応 $x \mapsto f'(x)$ によって定まる関数 $f': I \to \mathbb{R}$ を f の**導関数**と呼ぶ．

なお，上式(5.1)で $x = a + \varepsilon$ とおいて

$$\frac{f(a + \varepsilon) - f(a)}{\varepsilon}$$

の $\varepsilon \to 0$ (かつ $\varepsilon \neq 0$)のときの極限に書き換えると，しばしば計算が見やすい．

5.1.2 微分係数と平均変化率

ある区間 I を定義域とする連続関数 $f: I \to \mathbb{R}$ と区間 $[a, b] \subset I$ に対し，

$$\frac{f(b) - f(a)}{b - a}$$

のことを区間 $[a, b]$ における f の**平均変化率**と言う．

微分係数を定める式(5.1)で $x \to a$ の極限をとる前の

$$\frac{f(x) - f(a)}{x - a}$$

は，区間 $[a, x]$ ($x < a$ のときは $[x, a]$)における f の平均変化率に他ならないか

ら，直観的には微分係数は無限に小さな区間での(平均)変化率だとみなせる．

5.1.3 接線と微分

ある点 x_0 における微分係数が存在するとき，一次関数または定数関数(1.4.1項)

$$f(x) = f'(x_0)(x - x_0) + f(x_0) = f'(x_0)\,x - f'(x_0)x_0 + f(x_0)$$

は，点 $(x_0, f(x_0))$ を通り，傾きが $f'(x_0)$ の直線である．この直線のことを f の点 x_0 での**接線**と言う．

この接線は点 $(x_0, f(x_0))$ を原点 $(0, 0)$ とみなすように新しく座標をとれば，原点を通る直線である．この新しい座標の変数を元の座標の $x, y = f(x)$ に対して dx, df と書いて，それぞれ x の**微分**，f の微分と言い，これらは以下の関係にある；

(5.2)
$$df = f'(x_0)\,dx.$$

この直観的な意味は，もとの関数 f は複雑な形をしていても，点 x_0 の周りでの x と f の無限に小さな変化量，つまり微分 dx と df は正比例の関係にある，ということである．

もとの関数 $y = f(x)$ に対し，上式(5.2)で表される関数を対応させることを，x_0 において**微分する**と言う．

関係(5.2)から，x_0 における微分係数 $f'(x_0)$ を

(5.3)
$$f'(x_0) = \frac{df}{dx}(x_0)$$

のように書く流儀もある[*1]．この場合は $\dfrac{df}{dx}$ を dx, df の比であると同時に，微分係数や導関数を表すひとまとまりの記号と見たり，さらには $\dfrac{d}{dx}$ を微分の操作を表すものと見ているのである．

[*1] この微分の記法はライプニッツによる．一方，プライム(ダッシュ)による f' はラグランジュが提唱した記法である．他にも関数の上にドット(黒点)を書くニュートンの記法 $\dot{f}$ や，微分の操作を D で書いて Df と表すオイラーの記法などがある．

5.1.4 簡単な微分の例

$f(x) = x^2$ で定まる関数 $f: \mathbb{R} \to \mathbb{R}$ の点 x における微分係数(5.1.1 項)は,

$$\frac{(x+\varepsilon)^2 - x^2}{\varepsilon} = \frac{x^2 + 2x\varepsilon + \varepsilon^2 - x^2}{\varepsilon} = \frac{2x\varepsilon + \varepsilon^2}{\varepsilon} = 2x + \varepsilon$$

の $\varepsilon \to 0$ の極限をとって, $f'(x) = 2x$ である. これは任意の $x \in \mathbb{R}$ について存在するから, $f(x) = x^2$ は $\mathbb{R}$ 全体で微分可能で, その導関数は $x \mapsto 2x$ で定まる関数 $f': \mathbb{R} \to \mathbb{R}$, すなわち $f'(x) = 2x$ である.

ある点 $x_0 \in \mathbb{R}$ における $f(x) = x^2$ の微分係数は $2x_0$ だから, この点における接線は

$$y = 2x_0(x - x_0) + x_0^2 = 2x_0\,x - x_0^2$$

で表される.

つまり, 点 x_0 において $f(x) = x^2$ を微分すると,

$$df = 2x_0\,dx.$$

また, 微分の意味から考えて, 一次関数の微分係数はどこでもその傾きのはずである. 実際, $a, b \in \mathbb{R}$ を定数として $f(x) = ax + b$ について点 x での微分係数を計算すれば,

$$\frac{(a(x+\varepsilon)+b) - (ax+b)}{\varepsilon} = \frac{ax + a\varepsilon + b - ax - b}{\varepsilon} = \frac{a\varepsilon}{\varepsilon} = a$$

となって, ($\varepsilon \to 0$ とするまでもなく) a に等しい.

この特別な場合として, 定数関数 $f(x) = b$ の微分係数はどの点 x においても 0 である.

5.1.5 微分できない例

$x \mapsto |x|$ で定まる連続関数 $f: \mathbb{R} \to \mathbb{R}$ は $a \neq 0$ なる任意の a で微分可能だが, $a = 0$ においては微分可能でない.

$a > 0$ ならば $f'(a) = 1$ で, $a < 0$ ならば $f'(a) = -1$ であることを見るのはやさしい(5.1.4 項).

しかし, $a = 0$ においては,

$$\frac{f(x)-f(0)}{x-0} = \frac{|x|}{x} = \begin{cases} 1 & x > 0 \text{ のとき,} \\ -1 & x < 0 \text{ のとき} \end{cases}$$

だから，$f(0)=0$ のいくらでも近くにこの両方の値 $1, -1$ があり，極限が存在しない.

なお，初学者は微分不可能性をこの例のように「とがった」点がところどころにある程度の単純なものと考えがちだが，連続性のとき同様（3.1.2項），直観に反する複雑なものも存在することを注意しておく[*2].

5.2　微分の性質

5.2.1　微分可能性と連続性

関数 f が点 x で微分可能ならば，同じ点 x で連続でもある．なぜなら，そもそも $\varepsilon \to 0$ のとき $f(x+\varepsilon) \to f(x)$ とならなければ，

$$\lim_{\varepsilon \to 0, \varepsilon \neq 0} \frac{f(x+\varepsilon) - f(x)}{\varepsilon} = f'(x)$$

となる $f'(x)$ が存在しない.

正確に述べれば，

$$f(x+\varepsilon) = \varepsilon \left\{ \frac{f(x+\varepsilon) - f(x)}{\varepsilon} \right\} + f(x)$$

と変形して，$\varepsilon \to 0 (\varepsilon \neq 0)$ の極限を考えれば，右辺中括弧の部分は $f'(x) \in \mathbb{R}$ に収束するから，$f(x+\varepsilon) \to f(x)$. よって，$f$ は x で連続.

5.2.2　微分の線形性

定数 $a, b \in \mathbb{R}$ と同じ区間 I で定義された 2 つの関数 $f, g : I \to \mathbb{R}$ がそれぞれ $x \in I$ で微分可能ならば，その線形結合

$$(af + bg) : x \mapsto af(x) + bg(x)$$

[*2] 例えば，すべての点で微分不可能な連続関数として，ワイエルシュトラス関数や高木関数と呼ばれる例が知られている.

も x で微分可能で，積分と同様に**線形性**と呼ばれる以下の性質を持つ；

$$(af + bg)'(x) = af'(x) + bg'(x).$$

なぜなら，$af + bg$ の点 x での微分係数を計算すれば，

$$\frac{(af + bg)(x + \varepsilon) - (af + bg)(x)}{\varepsilon} = \frac{af(x + \varepsilon) + bg(x + \varepsilon) - af(x) - bg(x)}{\varepsilon}$$
$$= a\,\frac{f(x + \varepsilon) - f(x)}{\varepsilon} + b\,\frac{g(x + \varepsilon) - g(x)}{\varepsilon}.$$

この $\varepsilon \to 0 (\varepsilon \neq 0)$ の極限をとれば，極限の性質より各項の極限の和だから (2.2.7 項)，$af'(x) + bg'(x)$ となる．

5.2.3　関数の積の微分

同じ区間 I で定義された 2 つの関数 $f, g : I \to \mathbb{R}$ がそれぞれ $x \in I$ で微分可能ならば，それらの積

$$fg : x \mapsto f(x)\,g(x)$$

も x で微分可能で，以下の公式が成り立つ；

$$(fg)'(x) = f'(x)g(x) + f(x)g'(x).$$

なぜなら，fg の点 x での微分係数を計算すれば，

$$\frac{(fg)(x + \varepsilon) - (fg)(x)}{\varepsilon} = \frac{f(x + \varepsilon)g(x + \varepsilon) - f(x)g(x)}{\varepsilon}$$
$$= \frac{f(x + \varepsilon) - f(x)}{\varepsilon}\,g(x) + f(x + \varepsilon)\,\frac{g(x + \varepsilon) - g(x)}{\varepsilon}.$$

この $\varepsilon \to 0 (\varepsilon \neq 0)$ の極限をとれば，f は x で微分可能だから x で連続であることに注意して (5.2.1 項)，$f'(x)g(x) + f(x)g'(x)$ となる．

5.2.4　合成関数の微分

2 つの関数 $f : I \to \mathbb{R}, g : J \to \mathbb{R}$ に対し，$g(J) \subset I$ ならば，合成関数 $f \circ g : J \to \mathbb{R}$ が，

$$f \circ g : x \mapsto f(g(x))$$

によって定義できるのだった(3.2.2項).

合成関数 $f \circ g$ の微分について，g が x で微分可能で，f が $g(x)$ で微分可能ならば，以下の**連鎖律**が成り立つ；

$$(5.4) \qquad\qquad (f \circ g)'(x) = f'(g(x)) \, g'(x).$$

ちなみに，これを第5.1.3項(5.3)式の記法を用いて

$$\frac{df}{dx} = \frac{df}{dg} \frac{dg}{dx}$$

と書けば，分数の約分のように見えて記憶しやすい．しかもこれは上の連鎖律(5.4)が成立する事情も微分 df, dg, dx で表現している．

実際，この微分を極限をとる前の形で，

$$\frac{(f \circ g)(x+\varepsilon) - (f \circ g)(x)}{\varepsilon} = \frac{f(g(x+\varepsilon)) - f(g(x))}{g(x+\varepsilon) - g(x)} \cdot \frac{g(x+\varepsilon) - g(x)}{\varepsilon}$$

と書けば，右辺後半の極限は $g'(x)$ に等しく，前半については，$g(x) = y$，$g(x+\varepsilon) = y + k$ とおくと，

$$\frac{f(g(x+\varepsilon)) - f(g(x))}{g(x+\varepsilon) - g(x)} = \frac{f(y+k) - f(y)}{k}$$

となって，$\varepsilon \to 0$ のとき $k \to 0$ だから，この極限は $f'(y) = f'(g(x))$．よって，$(f \circ g)'(x) = f'(g(x))g'(x)$．

ただし，上式左辺の分母 $g(x+\varepsilon) - g(x)$ が 0 になる ε ではこの変形が意味を持たないことに注意が必要である．

$g'(x) \neq 0$ の場合は，微分の定義より十分小さい $\varepsilon \neq 0$ について $k = g(x+\varepsilon) - g(x) \neq 0$ なので，上の議論はそのまま正しい．$g'(x) = 0$ のときは，小さな ε でも $k \neq 0$ と $k = 0$ の両方がありうるが，前者の場合は上の変形によって，後者の場合は $(f \circ g)'(x) = 0$ となることによって，いずれにせよ $f'(g(x))g'(x) = 0$ への極限が正しく示される[*3].

---

*3 $g'(x) = 0$ かつ $k = 0$ の場合を見落しやすい．本文の素朴な場合分けの議論は，この盲点を明確に指摘した G.H.Hardy [15] にしたがったものである．

5.2.5 逆関数の微分

区間 I から J への関数 $f : I \to J$ が狭義単調ならば，その逆関数 $f^{-1} : f(I) \to I$ が存在するのだった(1.3.4 項)．このとき，f が点 $x \in I$ で微分可能かつ $f'(x) \neq 0$ ならば，f^{-1} は点 $y = f(x)$ で微分可能で，

$$(f^{-1})'(y) = \frac{1}{f'(x)}$$

が成り立つ．

これも $y = f(x)$，$x = f^{-1}(y)$ に対し，微分 dy, dx を用いて，

$$\frac{dx}{dy} = \frac{1}{\dfrac{dy}{dx}}$$

と書くと記憶しやすいし，またこの関係が成り立つ理由もわかる．

実際，微分の定義より

$$(f^{-1})'(y) = \lim_{\varepsilon \to 0, \varepsilon \neq 0} \frac{f^{-1}(y + \varepsilon) - f^{-1}(y)}{\varepsilon}$$

だが，$y = f(x)$ であること，および，f の狭義単調性より $y + \varepsilon = f(x + h)$ と書くと $\varepsilon \to 0 (\varepsilon \neq 0)$ のとき $h \to 0 (h \neq 0)$ であることから，

$$\frac{f^{-1}(y + \varepsilon) - f^{-1}(y)}{\varepsilon} = \frac{h}{f(x + h) - f(x)} = \left(\frac{f(x + h) - f(x)}{h} \right)^{-1}$$

の極限は，$f'(x) \neq 0$ より $(f^{-1})'(y) = \dfrac{1}{f'(x)}$ (2.4.2 項)．

また，幾何学的な直観によれば，逆関数のグラフはもとの関数のグラフを直線 $y = x$ で折り返して，x 軸と y 軸を逆にしたものだから(1.4.1 項，例題 1.10)，微分係数すなわち接線の傾きは互いに逆数の関係になるわけである．

5.3 具体的な関数の微分

5.3.1 冪関数 x^n の微分(n が自然数のとき)

$n \in \mathbb{N}$ に対し，$f(x) = x^n$ で定まる関数 $f : \mathbb{R} \to \mathbb{R}$ の点 $a \in \mathbb{R}$ における微分係数は $f'(a) = na^{n-1}$ であり，すなわちその導関数は $f'(x) = nx^{n-1}$ になる．

実際, $n=1,2$ のときに正しいことはすでに見た(5.1.4 項).　もし, $n=k$ のときに正しいならば, $n=k+1$ のとき $x^{k+1}=xx^k$ だから積の微分の公式 (5.2.3 項)より,

$$(x^{k+1})' = (xx^k)' = x'x^k + x(x^k)' = x^k + x(kx^{k-1}) = (k+1)x^k$$

となってこのときも正しい.

したがって帰納法より以下の公式が成り立つ:

$$(x^n)' = nx^{n-1}, \quad (n \in \mathbb{N}).$$

5.3.2 冪関数 x^n の微分(n が整数のとき)

n が負の整数のときも, 上と同じ公式が成り立つ. つまり, $f(x)=x^n$ で定まる関数 $f:\{x \in \mathbb{R} : x \neq 0\} \to \mathbb{R}$ の点 a における微分係数は $f'(a)=na^{n-1}$ であり, すなわちその導関数は $f'(x)=nx^{n-1}$ になる.

これを確認するにはまず, $n=-1$ の場合, すなわち $f(x)=\dfrac{1}{x}$ の微分係数を計算すると,

$$\left(\frac{1}{x}\right)' = \lim_{\varepsilon \to 0} \frac{\dfrac{1}{x+\varepsilon} - \dfrac{1}{x}}{\varepsilon} = \lim_{\varepsilon \to 0} \frac{x-(x+\varepsilon)}{\varepsilon x(x+\varepsilon)} = \lim_{\varepsilon \to 0} \frac{-1}{x(x+\varepsilon)} = \frac{-1}{x^2}$$

となって正しい. あとは前項同様, 積の微分(5.2.3 項)と帰納法を用いればよい.

$n=0$ のとき $x^0=1$ の微分は 0 だから, 以上まとめると, 前項の冪指数が自然数のときの公式がすべての整数について成り立つことになる. すなわち,

$$(x^n)' = nx^{n-1}, \quad (n \in \mathbb{Z}).$$

5.3.3 多項式と有理関数の微分

$n \in \mathbb{N}$ のときの冪関数 x^n の微分の公式(5.3.1 項)と微分の線形性(5.2.2 項)より, $a_0, a_1, \ldots, a_n \in \mathbb{R}$ に対し多項式 $f(x)=a_0+a_1x+a_2x^2+\cdots+a_nx^n$ の微分は,

$$(5.5) \qquad f'(x) = a_1 + 2a_2 x + \cdots + na_n x^{n-1}.$$

$n, m \in \mathbb{N}$ と $a_0, a_1, \ldots, a_n, b_0, b_1, \ldots, b_m \in \mathbb{R}$ に対し x の有理関数は

$$\frac{f(x)}{g(x)} = \frac{a_0 + a_1 x + a_2 x^2 + \cdots + a_n x^n}{b_0 + b_1 x + b_2 x^2 + \cdots + b_m x^m}$$

のように多項式の比で書かれるのだったから（1.5.3 項），この $x \mapsto \dfrac{f(x)}{g(x)}$ で定まる関数 $\dfrac{f}{g}(x)$（定義域は $\mathbb{R}$ から $g(x) = 0$ となる x を除いた集合）の微分は，まず，積の微分（5.2.3 項）と $\dfrac{1}{x}$ の微分（5.3.2 項）と合成関数の微分の連鎖律（5.2.4 項）を用いて，

$$\left(\frac{f}{g}\right)' = f' \frac{1}{g} + f \left(\frac{1}{g}\right)' = \frac{f'}{g} + f \left(\frac{-1}{g^2}\right) g' = \frac{f'g - fg'}{g^2}.$$

この f', g' に多項式の微分，つまり上式（5.5）を用いればよい.

5.3.4　冪関数 x^q の微分（q が有理数のとき）

有理数 q について冪関数 x^q で定義される関数は，$m \in \mathbb{Z}$ と $n \in \mathbb{N}$ によって $q = \dfrac{m}{n}$ と既約分数に書いて，

$$x^q = x^{\frac{m}{n}} = (x^{\frac{1}{n}})^m$$

と表せば，$x^{\frac{1}{n}}$ と x^m の合成関数であり，$x^{\frac{1}{n}}$ は x^n の逆関数である.

　よって，その微分は合成関数の微分（5.2.4 項）と逆関数の微分（5.2.5 項）を用いて計算できる.

　実際，$y = x^{\frac{1}{n}}$ に逆関数の微分の公式を用いることで微分すると，

$$(x^{\frac{1}{n}})' = \frac{1}{(y^n)'} = \frac{1}{ny^{n-1}} = \frac{1}{n} x^{\frac{1}{n} - 1}.$$

　さらに合成関数の微分の連鎖律を用いて，

$$(x^{\frac{m}{n}})' = m(x^{\frac{1}{n}})^{m-1} \cdot \frac{1}{n} x^{\frac{1}{n} - 1} = \frac{m}{n} x^{\frac{m}{n} - 1}.$$

　ゆえに，以下のように冪指数が整数のときの公式が有理数にまで拡張される：

$$(x^q)' = qx^{q-1}, \quad (q \in \mathbb{Q}).$$

5.4　関数の局所的な性質と微分

5.4.1　関数の極値

ある点における微分係数はその点を含む任意に小さな区間だけで[*4]定まる．このような性質をその関数の**局所的**な性質と言う．以下の極値の概念も局所的な性質の典型例であり，微分と密接な関係がある．

区間 I 上の関数 $f : I \to \mathbb{R}$ と $z \in I$ に対し，ある $\delta > 0$ が存在して，$x \in (z - \delta, z + \delta)$ を満たす任意の $x \in I$ について $f(x) \leq f(z)$ となっているとき，$f(z)$ は**極大値**である，と言う．

この逆に $f(z) \leq f(x)$ となっているならば，$f(z)$ は**極小値**である，と言う．また，極大値と極小値をあわせて**極値**と呼ぶ．

さらに強く，$x \neq z$ のときは等号を含まずに $f(x) < f(z)$ となっているなら $f(z)$ を**狭義極大値**，逆に $f(z) < f(x)$ となっているなら $f(z)$ を**狭義極小値**，のように「狭義」をつけてこれを強調する場合がある．

極大値/極小値は最大値/最小値(3.5.1 項)と似ているが，後者は関数の定義域全体での性質である．このような性質を局所的に対して，**大域的**な性質と言う．つまり，最大値は必ず極大値だが，極大値は任意に小さな区間での最大値に過ぎないから，(定義域全体の)最大値とは限らない(図 5.1)．

5.4.2　関数の極値と微分

極値の定義より，開区間に含まれる極値を与える点での微分係数は存在すれば 0 である(開区間の仮定に注意)．なぜなら，そこで接線が引けるならその傾きは 0 のはずである．

これを正確に述べれば，関数 $f : I \to \mathbb{R}$ が I に含まれる開区間の元 a で極小値をとるならば，ある $\delta > 0$ が存在して任意の $x \in (a, a + \delta) \subset I$ について

[*4]　これと同じことを，その点の「近傍で」とも言う．この語は便利だが，「局所的」と意味が重なるし，本来，位相の概念とともに学習するべきなので，本書では用いない．

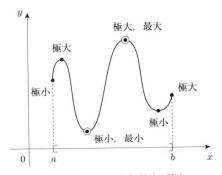

図 5.1 極大/極小と最大/最小

$f(x) - f(a) \geq 0$. したがって,

$$\frac{f(x) - f(a)}{x - a} \geq 0$$

だから, a での微分係数が存在すれば, この開区間に含まれる x に対し $x \to a$ の極限が存在して微分係数に一致し, 極限の順序の性質より非負(2.4.2項).

同様にして, 任意の $x \in (a - \delta, a) \subset I$ について, $f(x) - f(a) \geq 0$ より,

$$\frac{f(x) - f(a)}{x - a} \leq 0$$

の $x \to a$ の極限は非正. 以上あわせて, $f'(a) \geq 0$ かつ $f'(a) \leq 0$ だから $f'(a) = 0$. 極大値のときも同様.

5.4.3 極値と微分の関係の例

対応 $x \mapsto x^2$ で定まる関数 $f : \mathbb{R} \to \mathbb{R}$ について, $x = 0$ は極小値 $f(0) = 0$ を与える. 実際, $x \neq 0$ ならば $x^2 > 0$. そして, $f'(x) = 2x$ より, この点での微分係数は確かに $f'(0) = 2 \cdot 0 = 0$ となっている.

しかし, 同じ対応で定めた関数 $g : [1, 2] \to \mathbb{R}$ について, $x = 1$ のときの $g(1) = 1^2 = 1$ は極小値だが, 微分係数は $f'(1) = 2 \neq 0$. このように区間の端点では前項で見た両側からの極限の議論が通用しないため, 極値であっても微分係数が 0 とは限らない.

また，前項の条件のもと，ある点で極値をとればその点の微分係数は 0 だが，この逆に微分係数が 0 だからと言って極値をとるとは限らない．実際，$x \mapsto x^3$ で定まる関数 $h: \mathbb{R} \to \mathbb{R}$ は $x = 0$ での微分係数が 0 だが $(h'(x) = 3x^2)$，$x > 0$ ならば $x^3 > 0$ で $x < 0$ ならば $x^3 < 0$ だから，$h(0)$ は極大点でも極小点でもない（1.5.1 項，図 1.4）.

この例からもわかるように，ある点での微分係数，すなわち接線の傾きの符号は，その点での局所的な増減の傾向を表しているだけであって，通常我々が知りたいと思っている与えられた区間での増減を示しているわけではない．

微分を用いてこのような大域的な性質を主張するには，局所的な性質を区間全体につなぎあわせる必要がある．これは微分の性質だけを用いて実行することもできるが（次項がその例），第 6 章で示す微分と積分の間の関係によって，積分を用いるのが便利である．

5.4.4　定数関数と微分

定数関数 f の導関数は定数関数 $f' = 0$ だった（5.1.4 項）．重要な事実として，この逆が成り立つ．すなわち，任意の点 $x \in [a, b]$ で $f'(x) = 0$ である関数 f は，$[a, b]$ 上で定数関数である[*5].

直観的には，どの点でも接線の傾きが 0 なのだから，これを区間全体につなぎあわせればよい．この方針を正確に述べるため，「もし途中の点までしかつなげないならば矛盾する（なぜならその点でも微分係数 0 なのでもうちょっと延ばせる）」という背理法の手続きをとる．

まず，任意の $x \in [a, b]$ で $f'(x) = 0$ ならば $f(a) = f(b)$ を示せば十分であることに注意する．実際，$c \in (a, b)$ について $f(c) = f(a)$ となることは，区間 $[a, c]$ であらためて考えれば同様．

以下では，任意の $\varepsilon > 0$ に対し，

$$A = \{x \in [a, b] : |f(x) - f(a)| \leq \varepsilon(x - a)\}$$

とおいて，$b \in A$ であることを示そう．これが言えれば，$|f(b) - f(a)| \leq \varepsilon(b -$

[*5]　実際は，以下の証明でもわかるように，両端 a, b での微分可能性は不用で，$[a, b]$ 上で連続かつ (a, b) 上で $f'(x) = 0$ を課せば十分である（0.5.2 項も参照）.

$a)$ であり，$\varepsilon > 0$ は任意だから $f(a) = f(b)$.

　a に十分近い点では A の条件は満たされているので，A は少なくとも空集合でない．かつ，A は有界だから上限 $s = \sup A$ が存在する（2.1.4項）．しかも f は任意の点で微分可能であることより連続だから（5.2.1項），この s は最大値でもあり（本項末の例題5.1），すなわち，

$$(5.6) \qquad\qquad |f(s) - f(a)| \le \varepsilon(s - a).$$

　以下では $s < b$ であると仮定して，背理法によって $s = b$ を示す．$f'(s) = 0$ であることより，$|x - s| < \delta$ かつ $x \ne s$ である任意の $x \in [a, b]$ について

$$\left| \frac{f(x) - f(s)}{x - s} \right| \le \varepsilon$$

となるような $\delta > 0$ が存在する．よって，$x = s$ も込めて同じ範囲において

$$(5.7) \qquad\qquad |f(x) - f(s)| \le \varepsilon|x - s|.$$

　上式(5.6)と(5.7)より，$s < x < s + \delta$ を満たす任意の $x \in [a, b]$ についても

$$|f(x) - f(a)| = |\{f(x) - f(s)\} + \{f(s) - f(a)\}|$$
$$\le |f(x) - f(s)| + |f(s) - f(a)| \le \varepsilon(x - s) + \varepsilon(s - a) = \varepsilon(x - a)$$

となって，s が A の上限であることに矛盾．ゆえに $s = b$ であり $b \in A$.

　以上の方法と同様にして，任意の $x \in [a, b]$ で $f'(x) \ge 0$ ならば $f(a) \le f(b)$ である，といった大域的な性質が示せる[*6]（以下の例題5.2）．しかし，本書ではのちに積分を用いてこれらを示すことにしよう．

例題 5.1　上の証明の(5.6)式（A の上限 s が最大値でもあること）を納得せよ．（ヒント：f の連続性より $g(s) = \dfrac{|f(s) - f(a)|}{s - a} (\le \varepsilon)$ も $s \ne a$ で連続．s が上限であることより A の元の数列 $s_n \to s$ がとれて（2.2.3項，定理2.10），$g(s_n) \to g(s)$） □

[*6] 微分 0 ならば定数関数であることも含め，これら増分の性質を示すのに，ほとんどの教科書では微分の平均値の定理（0.5.3項）を用いるが，このように直接的に示すことも難しくない．

例題 5.2   上の証明を変形して，任意の $x \in [a,b]$ で $f'(x) \geq 0$ ならば $f(a) \leq f(b)$ であることを示せ．（ヒント：上の集合 A の条件を $f(b) - f(a) \geq \varepsilon(b-a)$ に代えて，あとは同様）   ▯

6 微分と積分

6.1 微積分学の基本定理：微分と積分は互いの逆

6.1.1 積分と微分の基本的関係

実数 $a < b$ に対し閉区間 $[a, b]$ 上の連続関数 f は積分可能で（4.3.1項），任意の $t \in (a, b)$ についても閉区間 $[a, t]$ 上連続で積分可能だから，対応

$$t \mapsto F(t) = \int_a^t f(x)\,dx$$

で関数 $F(t) : [a, b] \to \mathbb{R}$ が定義できる（4.2.3項で定めたように $F(a) = 0$）.

このとき，F は任意の点 $t \in [a, b]$ で微分可能で，以下の基本的関係が成り立つ；

$$F'(t) = \frac{d}{dt} \int_a^t f(x)\,dx = f(t).$$

すなわち，関数の積分を微分するともとの関数になる．この関係は以下で見る**微積分学の基本定理**の基礎となるが，これ自体を「微積分学の基本定理」と呼ぶこともある.

6.1.2 積分と微分の基本的関係の証明

まず，$h \neq 0$ に対して，$t + h \in [a, b]$ ならば，積分の区間の加法性（4.2.3項）と積分の線形性（4.2.1項）によって，

$$\left| \frac{F(t+h) - F(t)}{h} - f(t) \right| = \left| \frac{1}{h} \int_t^{t+h} f(x)\,dx - f(t) \right|$$

$$= \left| \frac{1}{h} \int_t^{t+h} f(x)\,dx - \frac{1}{h} \int_t^{t+h} f(t)\,dx \right| = \frac{1}{|h|} \left| \int_t^{t+h} \{f(x) - f(t)\}\,dx \right|.$$

ここで，最大値の定理（3.5.1項）より

$$M(h) = \max\{|f(x) - f(t)| \; : \; |x - t| \leq |h| \text{ かつ } x \in [a, b]\}$$

が存在する．しかも f の連続性より，任意の $\varepsilon > 0$ に応じて，ある δ が存在して $|x - t| < \delta$ ならば $|f(x) - f(t)| < \varepsilon$ だから，$h \to 0$ のとき $M(h) \to 0$.

よって，（積分の）平均値の定理（4.3.3 項）と積分の単調性（4.2.2 項）より $h \to 0$ のとき，

$$\frac{1}{|h|} \left| \int_t^{t+h} \{f(x) - f(t)\} \, dx \right| \leq \frac{1}{|h|} \left| \int_t^{t+h} |f(x) - f(t)| \, dx \right| \leq M(h) \to 0.$$

ゆえに，

$$F'(t) = \lim_{h \to 0, h \neq 0} \frac{F(t + h) - F(t)}{h} = f(t).$$

6.1.3 原始関数

閉区間 $[a, b]$ 上の連続関数 f および微分可能な関数 F が，任意の $t \in [a, b]$ について $F'(t) = f(t)$ を満たすとき，F は f の**原始関数**であると言う．

この f に対して，その原始関数は一意には定まらないが，その差は定数関数にすぎない．なぜなら，定数関数の導関数は定数関数 0 であり（5.1.4 項），逆に導関数が定数関数 0 である関数は定数関数だから（5.4.4 項），F_1 も F_2 も f の原始関数ならば，微分の線形性（5.2.2 項）より，任意の t に対し

$$(F_1(t) - F_2(t))' = F_1'(t) - F_2'(t) = f(t) - f(t) = 0$$

なので，ある定数 $c \in \mathbb{R}$ について t によらず $F_1(t) - F_2(t) = c$.

6.1.4 微積分学の基本定理

ある関数の原始関数は定数関数の差を除いて一意的に定まるから，積分と微分の基本的関係（6.1.1 項）より，対応

$$t \mapsto F(t) = \int_a^t f(x) \, dx$$

によって定めた関数 $F : [a, b] \to \mathbb{R}$ は，この右辺の積分が存在するなら f の原始関数の 1 つであって，f の原始関数はある $c \in \mathbb{R}$ で $F(t) + c$ と書ける．

ゆえに，f の原始関数の 1 つを F とすれば，$s,t \in [a,b]$ について，

(6.1) $$\int_s^t f(x)\,dx = F(t) - F(s).$$

なぜなら，積分区間の加法性より，

$$\int_s^t f(x)\,dx = \int_a^t f(x)\,dx - \int_a^s f(x)\,dx$$
$$= \{F(t)+c\} - \{F(s)+c\} = F(t) - F(s).$$

よって，関数 f の積分は原始関数 F で表され，上式(6.1)のように関数 F の導関数 $F' = f$ を積分するともとの F になる．また逆に，関数の積分を微分するともとの関数になるのだった(6.1.1 項)．

上式(6.1)が意味を持つには $f = F'$ が積分可能でなければならないが，そのための簡便な条件としては，F' が $[a,b]$ 上連続であればよい．このように関数がある区間上で微分可能で，かつ，その導関数も連続であるとき，**連続微分可能**であると言う．

この微分と積分の表裏一体の関係，もしくは，特に原始関数との関係を表した上式(6.1)のことを，**微積分学の基本定理**と呼ぶ．

6.2　微分を用いた積分の計算

6.2.1　積分が微分の逆であることを直接用いる(第 1 の方法)

積分は階段関数の近似の極限によって定義された(4.1.3 項)．その例として第 4.3.2 項では $f(x) = x^2$ の積分をこの定義に基いて計算したが，一般にはよほど簡単な関数を除き，定義から直接に積分を求めることは難しい．

しかし，微積分学の基本定理(6.1.4 項)から，微分の性質を用いることで積分の計算ができる場合がある．1 つにはここで見る直接的な方法，他には部分積分(6.2.3 項)と置換積分(6.2.4 項)の方法がある．

まず，微分の公式を逆向きに見ることで，(積分される関数が積分可能ならば)積分の公式が得られる．例えば，冪指数が有理数の冪関数 $f(x) = x^q$ を微分すると

$$(x^q)' = qx^{q-1}$$

だったから(5.3.4項)，逆に見れば，この右辺の原始関数(の1つ)が x^q である．

見やすくするため，$r = q-1$ とおけば，$r \neq -1$ のとき，$\dfrac{1}{r+1}x^{r+1}$ は x^r の原始関数である．これを積分の範囲を指定しない積分記号を用いて，

$$\int x^r \, dx = \frac{1}{r+1}x^{r+1}, \quad (r \neq -1)$$

と公式の形に書く．また，この書き方から原始関数のことを**不定積分**[*1]とも言い，不定積分と区別して積分のことを**定積分**と呼ぶ．

例えば，x^2 は $[0,1]$ 区間で連続であることから積分可能だから，$r = 2$ としてこの公式を用いれば，微積分学の基本定理(6.1.4項)より，

$$\int_0^1 x^2 \, dx = \left[\frac{x^3}{3}\right]_0^1 = \frac{1^3}{3} - \frac{0^3}{3} = \frac{1}{3}.$$

ここで，$[F(x)]_a^b$ は $F(b) - F(a)$ の略記で，積分の計算に便利な書き方である．

6.2.2 $\dfrac{1}{x}$ の積分と対数関数 $\log(x)$

前項で見た冪関数 x^r の積分の公式には，冪指数について $r \neq -1$ という条件が必要だった．しかし，$r = -1$ の場合の $x \mapsto \dfrac{1}{x}$ で決まる関数 $f : \mathbb{R} \setminus \{0\} \to \mathbb{R}$ は連続関数なので，$0 < a < b$ なる実数 a, b について閉区間 $[a, b]$ 上で積分可能である(4.3.1項)．

よって，以下の対応で定まる関数 $F(x) : (0, \infty) \to \mathbb{R}$ が存在する；

$$x \mapsto F(x) = \int_1^x \frac{1}{u} \, du.$$

この被積分関数(積分される関数)の $f(u) = \dfrac{1}{u}$ は $u \in (0, \infty)$ において連続で常に正の値をとる関数だから，$F(x)$ は連続関数で，$0 < x < 1$ の範囲で負，

[*1] この「不定積分(indefinite integral)」は本書では単に原始関数の別名だが，文献によっては積分範囲を変数とした定積分などの特別な意味を持たせたり，定積分ではない積分を指すものとして曖昧に用いたりすることがある．

$x=1$ で 0，$x>1$ の範囲で正の値をとる（狭義）単調増加関数（1.3.4 項）でもある．

この $F:(0,\infty)\to\mathbb{R}$ のことを

$$F(x) = \log(x)$$

のように記号 "log" で書き，**対数関数**と呼ぶ．なお，誤解のない場合には $\log x$ や $\log 2$ のように括弧を省略することが多い．

もちろん，定義より $\log(x)$ は微分可能で，

$$(\log(x))' = \frac{1}{x}.$$

逆に不定積分の公式の形で書けば，

$$\int x^{-1}\,dx = \int \frac{1}{x}\,dx = \log(x), \quad (x > 0).$$

また，$x<0$ の範囲では $\displaystyle\int \frac{1}{x}\,dx = \log(-x)$ である[*2]．

なお，$\displaystyle\int \frac{1}{x}\,dx$ を $\displaystyle\int \frac{dx}{x}$ のように略記することがある．

6.2.3　積の微分と部分積分（第 2 の方法）

区間 $[a,b]$ 上の微分可能な関数 f,g の積の微分について，

$$(fg)'(x) = f'(x)g(x) + f(x)g'(x)$$

が成立するのだった（5.2.3 項）．これを fg が右辺の原始関数として与えられていると見れば，

$$f(x)g(x) = \int \{f'(x)g(x) + f(x)g'(x)\}\,dx$$
$$= \int f'(x)g(x)\,dx + \int f(x)g'(x)\,dx.$$

この関係を以下のように書いて**部分積分**の公式と言う；

[*2]　高校数学では，$x>0$ と $x<0$ の場合をまとめて $\displaystyle\int \frac{1}{x}\,dx = \log|x| + C$ という公式で書くことが多いが，$x>0$ と $x<0$ で異なる定数 C をとりうる以上，やや誤解を招く書き方である．

$$\int fg'\,dx = fg - \int f'g\,dx.$$

被積分関数 fg', $f'g$ が積分可能ならば，定積分の形で書けて，

$$\int_s^t f(x)g'(x)\,dx = [f(x)g(x)]_s^t - \int_s^t f'(x)g(x)\,dx.$$

典型的な例を挙げれば，$f(x) = \log x$, $g(x) = x$ として

$$\int_1^2 \log x\,dx = \int_1^2 (\log x)(x')\,dx = [x\log x]_1^2 - \int_1^2 \frac{1}{x}\cdot x\,dx$$
$$= [x\log x]_1^2 - [x]_1^2 = 2\log 2 - 1$$

となって，第 6.2.2 項で導入した対数関数 $\log x$ の定積分が得られる．

6.2.4　合成関数の微分と置換積分（第 3 の方法）

2 つの関数 $f\colon I \to \mathbb{R}$, $g\colon J \to \mathbb{R}$ に対し，$g(J) \subset I$ のとき，

$$f \circ g \colon x \mapsto f(g(x))$$

によって定義した合成関数 $f\circ g\colon J \to \mathbb{R}$ について，g が x で微分可能で，f が $g(x)$ で微分可能ならば，以下の連鎖律が成り立つのだった（5.2.4 項）；

$$(f \circ g)'(x) = f'(g(x))\,g'(x).$$

これを右辺の原始関数が $f\circ g$ だと見れば，以下の公式が得られる；

$$\int f'(g(x))\,g'(x)\,dx = f(g(x)).$$

この $f'(g(x))g'(x)$ が積分可能ならば，この公式を以下のようにして定積分の計算に用いることができる．

φ を f の導関数とすれば f は φ の原始関数だから（$\varphi = f'$），

$$\int_a^b \varphi(g(x))\,g'(x)\,dx = f(g(b)) - f(g(a)) = \int_{g(a)}^{g(b)} \varphi(t)\,dt.$$

この関係を，置換（変数変換）$t = g(x)$ による変数 t の積分と x による積分の間の変換公式と見て，**置換積分**の公式と言う．この置換積分の公式の簡便な条件としては，例えば f, g がともに連続微分可能であればよい．

例えば，以下の積分で $t=1+x^2$ と変数変換して $\dfrac{1}{\sqrt{t}}$ の積分と見れば，

$$\int_0^1 \frac{x}{\sqrt{1+x^2}}\,dx = \frac{1}{2}\int_0^1 \frac{(1+x^2)'}{\sqrt{1+x^2}}\,dx = \frac{1}{2}\int_1^2 \frac{1}{\sqrt{t}}\,dt$$
$$= \frac{1}{2}\int_1^2 t^{-\frac{1}{2}}\,dt = \frac{1}{2}\left[2t^{\frac{1}{2}}\right]_1^2 = \sqrt{2}-1.$$

6.3　積分を用いた微分の性質

6.3.1　基本定理による微分の大域化

微分の概念は局所的である．よって，ある区間上での関数の性質を微分を通して調べるには，この局所的な性質を区間全体につなぎあわせなければならない．第5.4.4項ではこれを直接的に実行して，区間で微分係数が0ならば定数であることを示した．

しかし，微積分学の基本定理(6.1.4項)を用いれば，これを系統的におこなえる．実数 $a<b$ に対し，$f:[a,b]\to\mathbb{R}$ が微分可能で，その導関数 f' が $[a,b]$ 上で積分可能ならば(例えば連続ならばよい)，f は f' の原始関数なのだから，

$$\int_a^b f'(x)\,dx = f(b)-f(a)$$

が成り立つ．

上式より例えば，任意の $x\in[a,b]$ で $f'(x)\geq 0$ ならば，積分の単調性(4.2.2項)より $f'(x)$ の積分は非負だから，

$$f(b) = f(a)+\int_a^b f'(x)\,dx \geq f(a).$$

同様にして，任意の $x\in[a,b]$ で $f'(x)\leq 0$ ならば，$f(b)\leq f(a)$ である．

6.3.2　微分の符号と関数の増減

上と同じ議論を $x\in(a,b]$ に対して $[a,x]$ 上で考えれば，ある閉区間で $f'\geq 0$ ならば同区間で f は単調増加であり，$f'\leq 0$ ならば f は単調減少である．

さらに強く，区間 $[a,b]$ で $f'>0$ ならば f は $[a,b]$ 上で狭義単調増加，$f'<$

0 ならば狭義単調減少である．なぜならば，もし単調であって狭義単調でない
ならば，$x_1 < x_2 \in [a, b]$ で $f(x_1) = f(x_2)$ となるものが存在するが，単調性よ
り区間 $[x_1, x_2]$ で f は定数となり，この区間で $f' = 0$ となってしまう．

　以上の関係より，ある関数 f の増減をその導関数 f' の符号から知ることが
できる．大抵の場合，関数の増減を調べるより符号を調べる方がやさしいの
で，微分は関数のグラフの概形を知るための有用なツールになる．

　ちなみに上の主張の逆に，ある区間で連続関数が単調増加（減少）ならば，こ
の区間の任意の点で，微分係数が存在すれば非負（非正）であることも，微分の
定義から直ちに確認できる．

　例えば，単調増加ならば，$h > 0$ のとき $f(x+h) - f(x) \geq 0$，逆に $h < 0$ のと
き $f(x+h) - f(x) \leq 0$ だから，$h \neq 0$ について $x+h \in [a, b]$ ならば

$$\frac{f(x+h) - f(x)}{h} \geq 0.$$

ゆえに，極限の順序の性質より（2.2.6 項），この $h \to 0$ の極限も存在すれば非
負（ただし，以下の例題 6.1 に注意）．

例題 6.1　より強い主張，「狭義単調増加（減少）ならばその区間において微分
係数は正（負）」は必ずしも正しくない．これを具体的な例を考えながら，上の
証明を見直すことで納得せよ．（ヒント：$f(x) = x^3$ の 0 近辺を考えよ）　　　　▯

6.3.3　増分の不等式

　微分の局所的な性質を積分で大域化して関数の増減を調べる上の方法は，さ
らに以下のように発展させることができる．

　f が閉区間 $[a, b]$ 上で連続微分可能ならば，f' は連続だから積分可能で，さ
らに最大値の定理（3.5.1 項）より f' の最大値 M，最小値 m が存在するから，
積分の単調性（4.2.2 項）より，

$$m(b-a) \leq \int_a^b f'(x)\,dx \leq M(b-a).$$

　したがって微積分学の基本定理（6.1.4 項）より，

$$m \leq \frac{f(b) - f(a)}{b - a} \leq M$$

となって，平均変化率が導関数の最大値と最小値で評価できる．

　また，f, g が閉区間 $[a, b]$ 上で微分可能で，f', g' が同区間で積分可能，かつ任意の $x \in [a, b]$ で $f'(x) \leq g'(x)$ ならば，積分の単調性より，

$$\int_a^b f'(x)\, dx \leq \int_a^b g'(x)\, dx.$$

　よって，微積分学の基本定理より，

$$f(b) - f(a) \leq g(b) - g(a)$$

となって，f, g の増分が互いに評価できる．

7 微分と積分の応用 I：超越関数

7.1 対数関数

7.1.1 直観的な指数関数と対数関数

代数関数（1.6.3項）ではない関数を**超越関数**と言う．ここまでで挙げた関数の中では，対数関数 $\log(x)$ が超越関数である（6.2.2項）．また，これまで冪関数 x^q の冪指数 q は有理数としてきたが，無理数である場合も超越関数であるし，高校数学で学習した指数関数，三角関数などもそうである[*1]．

本書では対数関数 $\log(x)$ については既に導入したが，ここでは対数関数と指数関数の初等的かつ歴史的な定義を背景としてまとめておく．

まず，実数 $a > 0$ と有理数 q に対して冪乗 a^q を定義したが，無理数は有理数によって望む精度で近似できるから，実数 x に対しても x に収束する有理数列 $\{q_n\}$ をとって $a^x = \lim_{n \to \infty} a^{q_n}$ と定めれば，任意の実数指数の冪乗も考えられて，有理数のときと同じ指数法則が成り立つ．

これによって指数関数 a^x が定義できて，特に**自然対数の底**や**ネイピア数**と呼ばれる特別な数 $e = 2.71828 \cdots$ に対して，$\exp(x) = e^x$ で定まる関数 $\exp: \mathbb{R} \to \mathbb{R}$ のことを指数関数と呼ぶことが多い．

指数関数 $f(x) = a^x$ は $a > 1$ のとき狭義単調増加，$0 < a < 1$ のとき狭義単調減少する連続関数で，かつ値域は正の実数全体なので，逆関数 $f^{-1}: (0, \infty) \to \mathbb{R}$ が存在して連続関数である．これを，（a を底とする）対数関数と呼んで，$\log_a(x) = f^{-1}(x)$ と書く．指数関数のときと同様に定数 e を底に選ぶことが多く，その場合にはしばしば $\log(x)$ のように底を省略して書く．

以上の極限に基く議論は厳密に実行できるが，極限の存在やその一意性を示す必要があり，標準的な議論とは言えかなり面倒になる．本書では，既に導入

[*1] 超越関数であること，すなわち，多項式係数の代数方程式の解ではないことを証明するのは，微積分学入門の範囲を超える難しい問題である．

した対数関数 $\log(x)$ の逆関数として指数関数 $\exp(x)$ を定義し，一般の指数関数 a^x も $\exp(x)$ と $\log(x)$ を利用して定義する．

7.1.2 対数関数のグラフの概形

第 6.2.2 項で対数関数 $\log : (0, \infty) \to \mathbb{R}$ を次式で定義した；

$$(7.1) \qquad \log(x) = \int_1^x \frac{dt}{t}.$$

これより直ちに，$\log(1) = 0$ であり，その導関数は $(\log x)' = \dfrac{1}{x} > 0$ だから狭義単調増加する連続関数である（6.3.2 項）．その接線の傾きは $x \to \infty$ のとき 0 に収束するが，$\log(x)$ 自身は $+\infty$ に発散する．

なぜなら，任意の $n \in \mathbb{N}$ に対し，$x \geq 2^n$ について

$$\int_1^2 \frac{dt}{t} + \int_2^4 \frac{dt}{t} + \cdots + \int_{2^{n-1}}^{2^n} \frac{dt}{t} \leq \log(x)$$

だが，左辺第 k 項で $t = 2^{k-1}u$ とおいて置換積分（6.2.4 項）すれば

$$\int_{2^{k-1}}^{2^k} \frac{dt}{t} = \int_1^2 \frac{2^{k-1}}{2^{k-1}u} \, du = \int_1^2 \frac{du}{u}$$

となって，$n \displaystyle\int_1^2 \frac{du}{u} \leq \log(x)$ だから，$\log(x) \to \infty$．

また $x \to 0$ のとき $\log(x) \to -\infty$ となる．なぜなら，$t = \dfrac{1}{u}$ とおいて置換積分すれば，

$$\log(x) = \int_1^x \frac{dt}{t} = -\int_1^{1/x} \frac{u}{u^2} \, du = -\int_1^{1/x} \frac{du}{u} = -\log\left(\frac{1}{x}\right)$$

だから，$x \to \infty$ のとき $\log(x) \to \infty$ より，$x \to 0$ のとき $\log(x) \to -\infty$．

以上の観察より，$y = \log(x)$ のグラフの概形は以下のようになる（図 7.1）．特に $x = 1$ で x 軸と交わること，この点での傾きが 1 であることに注意せよ．

7.1.3 対数関数の成長

前項で見たように対数関数 $\log(x)$ は狭義単調増加するが，$x \to \infty$ にしたがって接線の傾き $\log'(x) = \dfrac{1}{x}$ が 0 に収束するため，その成長は非常に遅い．冪関数 $x^{\frac{1}{n}}, (n \in \mathbb{N})$ も似た性質を持つが，対数関数の成長はこれらより遅い．

実際，冪関数を微分してみると，

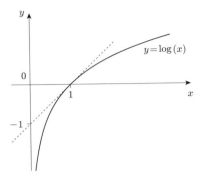

図 7.1 対数関数 $y = \log(x)$ のグラフ

$$(x^{\frac{1}{n}})' = \frac{1}{n} x^{\frac{1}{n} - 1} = \frac{1}{n} \frac{1}{x^{1 - \frac{1}{n}}}$$

だから，傾きが 0 に近づく速さが $\dfrac{1}{x}$ より遅い．

以下ではより直接的に成長を比較しよう．任意の有理数 $q > 0$ について冪関数の性質（1.6.2 項）と積分の単調性（4.2.2 項）から，

$$\log(x) = \int_1^x \frac{dt}{t} \le \int_1^x \frac{dt}{t^{1-q}}.$$

$1 - q \ne 1$ だからこの右辺の積分は計算できて（6.2.1 項），$x > 1$ について

$$\log(x) \le \left[\frac{t^{(q-1)+1}}{(q-1)+1} \right]_1^x = \frac{x^q - 1}{q} < \frac{x^q}{q}.$$

ゆえに，$0 < q < \dfrac{1}{n}$ のように $q \in \mathbb{Q}$ を選んでおけば，

$$\frac{\log(x)}{x^{\frac{1}{n}}} < \frac{x^{q - \frac{1}{n}}}{q} = \frac{1}{q} \frac{1}{x^{\frac{1}{n} - q}}$$

であって，$x \to \infty$ のときこの右辺は 0 に収束するから $\dfrac{\log(x)}{x^{\frac{1}{n}}} \to 0$．よって，$\log(x)$ の $x \to \infty$ での成長は n によらず $x^{1/n}$ よりも遅い．

また，この関係で $x = \dfrac{1}{y}$ とおけば，前項の最後で見たように $\log\left(\dfrac{1}{y}\right) = -\log(y)$ だから，

$$\frac{\log(x)}{x^{\frac{1}{n}}} = \frac{\log\left(\dfrac{1}{y}\right)}{\left(\dfrac{1}{y}\right)^{\frac{1}{n}}} = -\frac{\log(y)}{y^{-\frac{1}{n}}}$$

より，この右辺も $y \to 0 \, (y>0)$ のとき 0 に収束するから，$\log(y)$ は $y \to 0$ のとき $-\infty$ に発散するが，その（負の）成長はいかなる $y^{-1/n}$ よりも遅い．

例題 7.1　$f(x) \mapsto \log(\log(x))$ で定義される関数 $f:(1,\infty) \to \mathbb{R}$ は狭義単調増加関数で，$x \to \infty$ のとき無限大に発散するが，対数関数よりなお成長が遅い．これを確認せよ．　　　　　　　　　　　　　　　　　　　　　　　　　　　　□

7.1.4　対数関数の基本的性質

対数関数の基本的性質として，以下の関係が任意の $x,y \in (0,\infty)$ について成り立つ；

$$\log(xy) = \log(x) + \log(y).$$

なぜなら，$t = yu$ と置換積分（6.2.4 項）すれば，

$$\log(xy) = \int_1^{xy} \frac{dt}{t} = \int_{\frac{1}{y}}^{x} \frac{y\,du}{yu} = \int_{\frac{1}{y}}^{x} \frac{du}{u} = \int_1^{x} \frac{du}{u} - \int_1^{\frac{1}{y}} \frac{du}{u}$$

$$= \log(x) - \log\left(\frac{1}{y}\right) = \log(x) + \log(y).$$

7.1.5　自然対数の底 e（ネイピア数）

対数関数 $\log$ は狭義単調増加する連続関数なので，$1 = \log(e)$ を満たす実数 e を定めることができる．この e を**自然対数の底**や**ネイピア数**などと呼ぶ．この数 e は近似的に $e = 2.71828\cdots$ であり，また無理数であることがわかっている．円周率 π と並んで e は解析学において最も重要な定数である．

この定義と前項で見た対数関数の基本的性質より，任意の自然数 $n \in \mathbb{N}$ について

$$\log(e^n) = \log e + \cdots + \log e = n \log e = n.$$

同様に，既約分数で表した正の有理数 $q = \dfrac{n}{m}$ についても，

$$n = \log(e^n) = \log\left(\left(e^{\frac{n}{m}}\right)^m\right) = m \log\left(e^{\frac{n}{m}}\right)$$

だから $q = \log(e^q)$ であるし，$\log(e^{-q}) = -\log(e^q) = -q$ だから，結局，任意の有理数 $q \in \mathbb{Q}$ について

$$\log(e^q) = q$$

が成り立つ．

別の見方をすれば，q が有理数のとき

$$r = e^q, \quad q = \log(r)$$

という互いに逆の関係が成り立っている．

7.2 指数関数

7.2.1 指数関数とそのグラフの概形

前項の最後に見た対数関数と有理数冪 e^q の互いに逆の関係を踏まえて，対数関数 $\log : (0, \infty) \to \mathbb{R}$ の逆関数を考えよう．

$\log$ は狭義単調増加する連続関数で $\mathbb{R}$ 全体を値域にとるから，その逆関数 $\log^{-1} : \mathbb{R} \to (0, \infty)$ は狭義単調増加する連続関数として正しく定義される（3.3.3 項）．これを $\exp(x) = \log^{-1}(x)$ と書いて，**指数関数**と呼ぶ．$\exp(x)$ も誤解がない場合には $\exp x$ と括弧を省略して書くことがある．

逆関数の微分の関係（5.2.5 項）と $\log'(x) = \dfrac{1}{x}$ より，指数関数も各点 $x \in \mathbb{R}$ で微分可能でその微分係数は

$$\exp'(x) = \frac{1}{\dfrac{1}{\exp(x)}} = \exp(x).$$

このように**指数関数は微分しても姿を変えない**という著しい性質を持つ．

　各点での接線の傾きがその点での関数の値の大きさに等しいのだから，指数
関数は急激に増加し，グラフ $y = \exp(x)$ の概形は以下の図 7.2 のようになる．
対数関数 $y = \log(x)$ のグラフ(7.1.2 項)との対称関係(1.4.1 項，例題 1.10)，
特に $x = 0$ のとき値 1 をとり，この点での傾きは 1 であることに注意せよ．

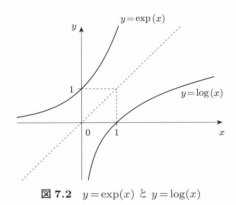

図 7.2　$y = \exp(x)$ と $y = \log(x)$

7.2.2　指数関数の成長

　指数関数 $\exp(x)$ は $x \to \infty$ にしたがって接線の傾きが自身の大きさ $\exp(x)$
で増加していき，非常に速く成長する．これと似た性質を持つ関数には x^n，
$(n \in \mathbb{N})$ があるが，この接線の傾きは $n x^{n-1}$ だから，指数関数の成長はこれら
冪関数より速い．

　より直接的に比較すれば，指数関数の逆関数である対数関数の成長の評価
(7.1.3 項)を用いて，$x \to \infty$ のとき任意の $n \in \mathbb{N}$ について

$$\frac{x^n}{\exp(x)} \to 0.$$

また，$x \to -\infty$ のとき $\exp(x) \to 0$ だがその速度は $|x|^{-n}$ より速い．つまり

$$\frac{\exp(x)}{|x|^{-n}} \to 0.$$

7.2.3　指数関数の基本的性質

指数関数は対数関数の逆関数だから，対数関数の性質（7.1.4 項）より以下のいわゆる**指数法則**が成り立つ；

$$\exp(x+y) = \exp(x)\exp(y).$$

実際，$\exp x = w$，$\exp y = z$ とおけば，$\log w = x$，$\log z = y$ であって，$\log w + \log z = \log(wz)$ だから，

$$\exp(x+y) = \exp(\log w + \log z) = \exp(\log(wz)) = wz = \exp(x)\exp(y).$$

また，$\log(e) = 1$ より $\exp(1) = e$ である．

よって，第 7.1.5 項で見たように指数関数は任意の有理数 q においては

$$\exp(q) = e^q$$

のように e^q と一致していて，しかも任意の実数についても e^q と同じく上の指数法則が成り立つ連続関数である．

これより，$\exp(x)$ は $e^x : \mathbb{Q} \to \mathbb{R}$ の定義域を実数全体 $\mathbb{R}$ に拡張した連続関数なので，$x \in \mathbb{R}$ についても $\exp(x) = e^x$ と書く．第 7.1.5 項の最後に見た，冪指数が有理数のときの指数関数と対数関数の逆関係が実数でも成り立ち，

$$y = e^x, \quad x = \log y.$$

7.2.4　一般の底の指数関数と基本的性質

第 7.2.1 項で指数関数 $e^x = \exp(x)$ が定義された．これにならって，実数 $a > 0$ に対して，**底 a の指数関数** a^x を定義したい．

そのため，有理数 q について $\log(a^q) = q \log a$ すなわち $a^q = e^{q \log a}$ であることに注意して（7.1.5 項），以下で関数 $\exp_a(x) : \mathbb{R} \to \mathbb{R}$ を定義する；

$$\exp_a(x) = \exp(x \log(a)).$$

この $\exp_a$ は微分可能な関数の合成関数だから自身も微分可能で（5.2.4 項），前項で見た指数関数 $\exp$ の指数法則より

$$\exp_a(x+y) = \exp\left((x+y)\log(a)\right) = \exp\left(x\log(a) + y\log(a)\right)$$
$$= \exp\left(x\log(a)\right)\exp\left(y\log(a)\right) = \exp_a(x)\exp_a(y)$$

だから，やはり指数法則が成り立つ．

よって $\exp_a$ は $\exp$ と同じく $a^x : \mathbb{Q} \to \mathbb{R}$ の定義域を $\mathbb{R}$ に拡張した連続関数である．これより，有理数とは限らない実数 x についても $\exp_a(x) = a^x$ と書く．この書き方を用いれば，任意の実数 x, y について

$$a^{x+y} = a^x a^y.$$

また，

$$(a^x)^y = \exp\left(y\log(a^x)\right) = \exp\left(xy\log a\right) = a^{xy}.$$

7.2.5 一般の底の指数関数の概形

指数 $a > 0$ に対し $a^x = \exp(x\log a)$ は指数関数 $e^x = \exp x$ の変数 x が定数 $k = \log a$ 倍されただけの合成関数 e^{kx} だから，その概形は e^x と同様である．

具体的には，$a > 1$ のときには $k > 0$ だから，e^x 同様に $x \to \infty$ のとき正の無限大に発散し，$x \to -\infty$ のとき 0 に収束するような，狭義単調増加する連続関数である（以下の図 7.3）．

$a < 1$ のときには $k < 0$ だから，上の $a > 1$ の場合のグラフの概形を y 軸に対し折り返した形になっている．また，a の値にかかわらず，$x = 0$ のときは $a^0 = e^0 = 1$ で，$x = 1$ のときは $a^1 = a$ の値をとる．

$a = 1$ のときには $1^x = 1$（定数関数）になるので，通常は指数関数とは呼ばない．

より精密には，合成関数の微分公式（5.2.4 項）を用いて微分すれば，指数関数の微分公式（7.2.1 項）より

$$(a^x)' = (\exp(x\log a))' = (\log a)\exp(x\log a) = (\log a)a^x$$

となるから，a^x は e^x 同様，各点における接線の傾きがその点での関数の値に比例し，急激に増加/減少する．

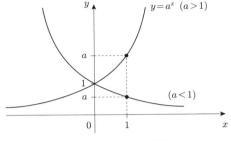

図 7.3 $y = a^x$ のグラフ

特に指数関数 e^x の $x=0$ での傾きが丁度 1 であったことに比較して，a^x の $x=0$ での傾きは $\log a$ である．

7.2.6 一般の底の対数関数と冪関数

ここでは一般の指数関数の応用として，一般の底の対数関数と実数を冪指数に持つ一般の冪関数を導入する．

指数関数と対数関数について，$y = \log x,\ x = e^y$ という逆関数の関係があったように，$x = a^y = \exp(y \log a)$ の逆関数として一般の底 $a > 0, (a \neq 1)$ の対数関数 $\log_a(x)$ を考えたい（$a = 1$ の場合は $x = 1^y = 1$（定数関数）となって逆関数が存在しない）．

それには，この関係より

$$\log_a(x) = \frac{\log(x)}{\log(a)}, \quad (a > 0,\ a \neq 1)$$

と定義すればよい．この $\log_a$ を **a を底とする対数関数** と呼ぶ．もちろん $\log$ は特に e を底とする対数関数である．

これより，$\log_a(x)$ は微分可能な連続関数であり，$x = a^y$ に対して $y = \log_a(x)$．またその微分は，対数関数の微分の関係（6.2.2 項）より，

$$(\log_a(x))' = \left(\frac{\log(x)}{\log(a)} \right)' = \frac{1}{x \log(a)}$$

となる．

$\log_a$ は $\log$ の定数 $\dfrac{1}{\log a}$ 倍に過ぎないから，グラフの概形は容易にわかっ

て図 7.4 のようになる.

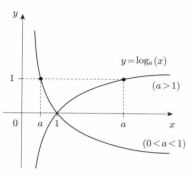

図 7.4　$y = \log_a(x)$ のグラフ

また，ここまでは $q \in \mathbb{Q}$ に限って冪関数 x^q を考えてきたが，a^q を実数 x について a^x に拡張したときと同じアイデアを用いて，

$$x^r = \exp(r \log(x))$$

と定めれば，右辺は実数 r と実数 $x \in (0, \infty)$ に対して定義されているから，これより左辺が r を冪指数とする一般の冪関数として定義される.

この定義より x^r は r が特に有理数ならばこれまでの冪関数に一致し，実数 r に対しても x について微分可能な連続関数である.

また微分を計算してみれば，対数関数の微分 (6.2.2 項)，指数関数の微分 (7.2.1 項)，合成関数の微分 (5.2.4 項) より

$$(x^r)' = (\exp(r \log(x)))' = \frac{r}{x} \exp(r \log(x)) = \frac{r}{x} x^r = r x^{r-1}$$

となって，$r \in \mathbb{R}$ のときにもこれまでと同じ形の微分の公式が成り立つ.

7.3　三角関数

7.3.1　直観的な三角関数の定義

以下の図 7.5 のような直角三角形 ABC に対し，3 つの辺，AB, BC, CA

の長さをこの順に c, a, b，辺 AB, CA に挟まれた頂点 A の角度を θ と書くとき，三角形の相似関係より，辺の長さの間の比はこの角度 θ だけで定まる．よって，特に $c = 1$ としてよい（図の円の半径が 1）．

これら 3 通りの比を以下のように書いて，順に角度 θ の**正弦**，**余弦**，**正接**と呼び，まとめて**三角比**と言う；

$$\sin(\theta) = \frac{a}{c} = a, \quad \cos(\theta) = \frac{b}{c} = b, \quad \tan(\theta) = \frac{a}{b}.$$

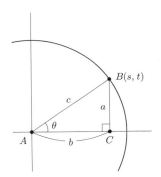

図 7.5　三角比と三角関数

三角比はそれぞれ角度に対して実数値が 1 通りに定まるから，関数と見ることができる．その場合には**三角関数**と呼ぶ．

三角比は角度が $0°$ より大きく $90°$ より小さい範囲でしか意味を持たないが，三角関数を考えるときには通常，定義域を実数全体にまで一般化する．それには，角度 θ で決まる半径 1 の円周上の点 (s, t) に対し，その x 座標の値 s，y 座標の値 t をもって以下で定める；

$$\sin(\theta) = t, \quad \cos(\theta) = s, \quad \tan(\theta) = \frac{t}{s}.$$

これによって，反時計回りが正の向き，時計回りが負の向きというように，正と負の角度を考えることができ，さらに，どちらの向きに何周でも回ってよいことにすれば，定義域である角度を実数全体 $\mathbb{R}$ に拡張できる．

さらに，通常の三角関数においては，日常で用いられている度数法に対し

て，$360°$ 対 2π の比例関係にある**弧度法**で角度を測る．すなわち，$x°$ は弧度法で $\dfrac{2\pi}{360}x$ である（通常，弧度法では度数法の " $°$ " のような単位をつけない）．例えば，$45°$ は弧度法で $\dfrac{\pi}{4}$，$90°$ は $\dfrac{\pi}{2}$，$180°$ は π．

つまり，度数法で $0°$ から $360°$ の範囲を考えれば，弧度法とはその角度が半径 1 の円周から切り取る円弧の長さ，もしくは扇形の面積（の 2 倍）で角度を測っていることに他ならない．

以上より $\sin(x), \cos(x)$ は $x \in \mathbb{R}$ に対して定義されたが，$\tan(x)$ については 0 による除算を避けるため，$\{x \in \mathbb{R} : x \neq \dfrac{\pi}{2}+n\pi, \, n \in \mathbb{Z}\}$ が定義域になる．

7.3.2　正接関数 $\tan(x)$ の定義

前項での定義は幾何学的直観，特に角度の概念の直観に基いていた．ここからは微積分学を用いて三角関数を定義しなおす．

まず出発点として，以下の積分で関数 $\arctan : \mathbb{R} \to \mathbb{R}$ を定義し[*2]，**逆正接関数**と呼ぶ；

$$\arctan(x) = \int_0^x \frac{dt}{1+t^2}.$$

ここで $\dfrac{1}{1+t^2}$ は正の値をとる連続関数だから閉区間上で積分可能で（4.3.1 項），

$$\arctan'(x) = \frac{1}{1+x^2}.$$

よって $\arctan(x)$ は狭義単調増加する微分可能な連続関数である．また，この定義より直ちに $\arctan(-x) = -\arctan(x)$ だから（4.2.3 項），$\arctan$ のグラフは原点について回転対称，すなわち**奇関数**である．

さらに，$\dfrac{1}{1+t^2}$ は $[0,1]$ 区間で 1 以下で，$[1,\infty)$ 区間で $\dfrac{1}{t^2}$ 以下だから，$x > 1$ のとき積分の単調性（4.2.2 項）より

$$0 < \int_0^x \frac{dt}{1+t^2} \le \int_0^1 1\,dx + \int_1^x \frac{dt}{t^2} = 1 + \left[-\frac{1}{t}\right]_1^x = 2 - \frac{1}{x} < 2$$

[*2]　この定義に用いた積分は，$t = \tan\theta$ と置換積分すれば計算できる例として高校数学でもよく知られている．また幾何学的には，扇形に対して正接によってその面積すなわち角度を表したものなので，（直観的定義の）正接の逆関数に一致している（Hardy [15] 第 163 節参照）．

となって上に有界だから以下の広義積分(4.4.3項)が有限の値を持ち(2.2.3項，2.4.2項)，この値の2倍で定数 π を定義する．この定数 π を**円周率**と呼ぶ；

$$\int_0^\infty \frac{dt}{1+t^2} = \lim_{x\to\infty} \int_0^x \frac{dt}{1+t^2} = \frac{\pi}{2}.$$

したがって，arctan の値域は $\left(-\frac{\pi}{2}, \frac{\pi}{2}\right)$ であり，この逆関数 $\arctan^{-1}$：$\left(-\frac{\pi}{2}, \frac{\pi}{2}\right) \to \mathbb{R}$ が定義できる(1.3.4項)．この $\arctan^{-1}$ のことを**正接関数**と呼び，$\tan(x) = \arctan^{-1}(x)$ と書く(誤解がなければ，しばしば $\tan x$ のように括弧を省略する)．

さらに，$x \in \left(-\frac{\pi}{2}, \frac{\pi}{2}\right)$ に限らず，$x \neq \frac{\pi}{2} + n\pi, (n \in \mathbb{Z})$ なる任意の $x \in \mathbb{R}$ についても，以下で定義する；

$$\tan(x) = \tan(x + n\pi), \quad (n \in \mathbb{Z}).$$

このように，ある定数 T と任意の $n \in \mathbb{Z}$ について $f(x+nT) = f(x)$ が成立する関数を，**周期が T の周期関数**と呼ぶ．$\tan : \mathbb{R} \setminus \{\frac{\pi}{2} + n\pi : n \in \mathbb{Z}\} \to \mathbb{R}$ は周期が π の周期関数である．

7.3.3 正接関数 $\tan(x)$ の概形

正接関数 $\tan(x)$ の概形は，その逆関数 $\arctan(x)$ が狭義単調増加することより，$x \in \left(-\frac{\pi}{2}, \frac{\pi}{2}\right)$ の範囲で狭義単調増加する連続関数で(3.3.3項)，$x \to \frac{\pi}{2}$ のとき $\tan(x) \to \infty$ であり，$x \to -\frac{\pi}{2}$ のとき $\tan(x) \to -\infty$．しかも arctan と同じく tan も奇関数であり $\tan(-x) = -\tan(x)$．

また，$x \in \left(-\frac{\pi}{2}, \frac{\pi}{2}\right)$ での微分係数は，逆関数 $\arctan(x)$ の微分が $\frac{1}{1+x^2}$ であることと逆関数の微分公式(5.2.5項)より

$$\tan'(x) = \left\{ \frac{1}{1+\tan(x)^2} \right\}^{-1} = 1 + \tan(x)^2.$$

したがって，特に $x=0$ のとき $\tan(0)=0$ を通るが，そこでの接線の傾きは1で，$x = \frac{\pi}{2}$ および $-\frac{\pi}{2}$ に向かって傾きは ∞ へと発散する．

以上の観察より，グラフ $y = \tan(x)$ の概形は以下の図 7.6 のようになる．

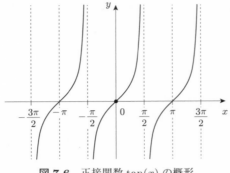

図 7.6 正接関数 $\tan(x)$ の概形

7.3.4 正弦関数 $\sin(x)$ と余弦関数 $\cos(x)$

正接関数 $\tan(x)$ を用いて，$x \in \left(-\dfrac{\pi}{2}, \dfrac{\pi}{2}\right)$ に対して**正弦関数** $\sin(x)$ と**余弦関数** $\cos(x)$ を以下の関係で定義する；

$$\sin(x) = \frac{\tan(x)}{\sqrt{1+\tan(x)^2}}, \quad \cos(x) = \frac{1}{\sqrt{1+\tan(x)^2}}.$$

（$\tan(x)$ と同様に $\sin(x), \cos(x)$ も誤解がなければ，括弧を省略して $\sin x$，$\cos x$ と書くことがある．）

この定義より $\sin$ は $\tan$ と同じく奇関数だが，$\cos$ は $\cos(-x)=\cos(x)$ が成り立つから y 軸に関して線対称であり，すなわち**偶関数**である．

また，上式より $x \to \dfrac{\pi}{2}$ のとき $\cos(x) \to 0$ であり，$\sin(x)$ については $\sin(x) \to 1$ であることもすぐにわかる．これを踏まえて，以下のように定める；

$$\sin\left(\frac{\pi}{2}\right) = 1, \quad \cos\left(\frac{\pi}{2}\right) = 0.$$

さらに，$x \notin \left(-\dfrac{\pi}{2}, \dfrac{\pi}{2}\right]$ である $x \in \mathbb{R}$ については以下で定義する；

$$\sin(x) = -\sin(x+\pi), \quad \cos(x) = -\cos(x+\pi).$$

これらにより $\sin(x), \cos(x)$ はどちらも $\mathbb{R}$ 全体で定義された連続関数で，

$$\sin(x+2\pi) = \sin(x), \quad \cos(x+2\pi) = \cos(x)$$

だから，周期 2π を持つ周期関数である．なお，$\sin(x), \cos(x), \tan(x)$ をあわ

せて**三角関数**と総称する.

冒頭の定義式から, $x \in \left(-\dfrac{\pi}{2}, \dfrac{\pi}{2} \right)$ について

$$\sin(x)^2 + \cos(x)^2 = \frac{\tan(x)^2}{1 + \tan(x)^2} + \frac{1}{1 + \tan(x)^2} = \frac{1 + \tan(x)^2}{1 + \tan(x)^2} = 1$$

であり, 上の $\mathbb{R}$ 全体への拡張の仕方より任意の $x \in \mathbb{R}$ についても成り立つ.

この等式と上の定義から直ちにわかる等式の以下の 2 つは, 三角関数を特徴づける最も重要な関係式である;

$$(7.2) \qquad \sin(x)^2 + \cos(x)^2 = 1, \quad \tan(x) = \frac{\sin(x)}{\cos(x)}.$$

例題 7.2 第 7.3.1 項の直観的な定義を参考に, 上の関係 (7.2) が幾何学的には何を意味しているか考察せよ. ▯

7.3.5 正弦関数 $\sin(x)$ と余弦関数 $\cos(x)$ の概形

$\sin(x)$ と $\cos(x)$ は定義 (7.3.4 項) と $\tan(x)$ の概形から, どちらも -1 以上 1 以下の値をとる周期 2π の周期関数で, 特に $0, 1, -1$ の値をとる点としては, $n \in \mathbb{Z}$ に対して

$$\sin(n\pi) = 0, \quad \sin\left(\frac{\pi}{2} + 2n\pi \right) = 1, \quad \sin\left(\frac{3\pi}{2} + 2n\pi \right) = -1,$$

$$\cos(2n\pi) = 1, \quad \cos\left(\frac{\pi}{2} + n\pi \right) = 0, \quad \cos(\pi + 2n\pi) = -1$$

となっている.

他にも $\sin(x)$ が奇関数で $\cos(x)$ が偶関数であること, 以下で確認する「位相のずれ」の関係 (7.3.6 項), 微分の関係と代表的な点での微分係数の値 (7.3.7 項) も加味すれば, それぞれのグラフの概形は以下の図 7.7 のようになる.

7.3.6 $\sin(x)$ と $\cos(x)$ の関係 I：位相のずれ

$\sin(x)$ と $\cos(x)$ の定義および概形から予想されるように, これらの間には相補的な関係がある. その 1 つとして, これらは互いに x 軸方向に $\dfrac{\pi}{2}$ 平行移

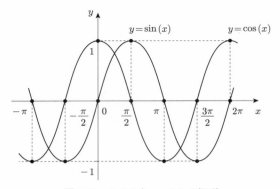

図 7.7 $\sin(x)$ と $\cos(x)$ の概形

動しただけの関係にある．実際，任意の $x \in \mathbb{R}$ について

$$\sin\left(x + \frac{\pi}{2}\right) = \cos(x)$$

が成り立ち，これを周期関数の位相[*3]のずれと言う．

この関係は $\sin, \cos$ の定義（7.3.4項）および $\mathbb{R}$ 全体への拡張の方法と，$\tan$ に関する以下の関係

(7.3)
$$\tan\left(x + \frac{\pi}{2}\right) = -\frac{1}{\tan(x)}$$

から直ちに導かれるので，以下ではこれを示そう．

$\tan$ と π の定義（7.3.2項）より任意の $y \in \mathbb{R}$ について

$$\frac{\pi}{2} = \int_0^\infty \frac{dt}{1+t^2} = \int_0^y \frac{dt}{1+t^2} + \int_y^\infty \frac{dt}{1+t^2}.$$

この右辺第2項は広義積分の定義（4.4.3項）および $u = \dfrac{1}{t}$ による置換積分（6.2.4項）から，

$$\int_y^\infty \frac{dt}{1+t^2} = \int_{\frac{1}{y}}^0 \frac{-\dfrac{1}{u^2}}{1+\dfrac{1}{u^2}} du = \int_0^{\frac{1}{y}} \frac{du}{1+u^2}.$$

---

*3 この「位相」は "phase" の訳語で，本書の他の場所での位相 "(general) topology" とは無関係．

ゆえに，arctan が奇関数であることも使って

$$\frac{\pi}{2} = \arctan(y) - \arctan\left(-\frac{1}{y}\right).$$

これは示すべき関係式 (7.3) を意味しているが，tan は $\frac{\pi}{2} + n\pi$, $(n \in \mathbb{Z})$ を除く実数全体で定義された周期関数なので，$\arctan(y)$ は 1 つの y について（無限に）多くの値をとるもの[*4] としてこの関係を考えなければならない．

これに注意しながら，上の関係を逆関数である tan 側で見れば，$x + \frac{\pi}{2} = \arctan(y)$, $x = \arctan\left(-\frac{1}{y}\right)$ だから，

$$\tan\left(x + \frac{\pi}{2}\right) = -\frac{1}{\tan(x)}.$$

7.3.7　$\sin(x)$ と $\cos(x)$ の関係 II：微分

sin と cos のもう 1 つの相補性は互いの導関数との関係である．

$\tan(x)$ の微分 (7.3.3 項) と $\sin(x), \cos(x)$ の定義 (7.3.4 項)，および合成関数の微分公式 (5.2.4 項) より，$x \in \left(-\frac{\pi}{2}, \frac{\pi}{2}\right)$ のとき

$$\cos'(x) = \left(\frac{1}{\sqrt{1 + \tan(x)^2}}\right)' = -\frac{1}{2}\{1 + \tan(x)^2\}^{-\frac{3}{2}} \cdot 2\tan(x)\{1 + \tan(x)^2\}$$

$$= -\frac{\tan(x)}{\sqrt{1 + \tan(x)^2}} = -\sin(x).$$

$\sin(x)$ についても同様に $\sin'(x) = \cos(x)$ の関係が確認できる．

さらに，$x = \frac{\pi}{2}$ のときの決め方と周期性を用いれば，任意の $x \in \mathbb{R}$ についても微分可能でこれらの関係がそのまま成り立つことが確認できる．結果として，$\sin(x)$ と $\cos(x)$ の微分は以下のように移りあう：

$$\sin'(x) = \cos(x), \quad \cos'(x) = -\sin(x).$$

代表的な点での値としては，例えば，

[*4]　このように定義域の 1 つの元に対して複数の値をとりうる「関数」を**多価関数**と呼ぶが，写像は値を 1 つしかとらない以上，我々の定義では多価関数は関数（写像）ではない．

$$\sin'(0) = 1, \quad \sin'\left(\frac{\pi}{2}\right) = 0, \quad \sin'(\pi) = -1, \quad \sin'\left(\frac{3\pi}{2}\right) = 0,$$

$$\cos'(0) = 0, \quad \cos'\left(\frac{\pi}{2}\right) = -1, \quad \cos'(\pi) = 0, \quad \cos'\left(\frac{3\pi}{2}\right) = 1.$$

7.3.8 加法定理

三角関数については上で見たものの他にも，以下のいわゆる**加法定理**などさまざまな公式が成り立ち，どれも三角関数それぞれの定義から積分の計算で導くことができる．

$$\tan(x+y) = \frac{\tan(x)+\tan(y)}{1-\tan(x)\tan(y)},$$

$$\sin(x+y) = \sin(x)\cos(y)+\cos(x)\sin(y),$$

$$\cos(x+y) = \cos(x)\cos(y)-\sin(x)\sin(y).$$

上の $\sin, \cos$ の加法定理は $\tan$ による各定義と $\mathbb{R}$ 全体への拡張の仕方（7.3.4項），および $\tan$ の加法定理から導かれるので，これを示せばよい．

$\tan$ の加法定理を逆関数の $\arctan$ 側で表現すれば，x, y, z が

$$z = \frac{x+y}{1-xy}$$

を満たすとき $\arctan(z) = \arctan(x) + \arctan(y)$，すなわち

$$\arctan\left(\frac{x+y}{1-xy}\right) = \int_0^x \frac{du}{1+u^2} + \int_0^y \frac{du}{1+u^2}$$

となる．ただし，再び第 7.3.6 項と同じく $\arctan$ の多価性と値 x, y, z の互いの位置関係を注意深く取り扱う必要があるが，以下では上式を導く積分の計算だけを示しておく．

$\arctan(z) = \displaystyle\int_0^z \frac{dt}{1+t^2}$ を計算するため

$$t = \frac{x+u}{1-xu}, \quad \left(u = \frac{t-x}{1+xt}\right)$$

とおくと，$t=0$ のとき $u = \dfrac{0-x}{1+0} = -x$ で，$t=z$ のとき

$$u = \frac{z-x}{1+xz} = \frac{\dfrac{x+y}{1-xy} - x}{1 + \dfrac{x(x+y)}{1-xy}} = \frac{(x+y) - x(1-xy)}{(1-xy) + x(x+y)} = \frac{y(1+x^2)}{1+x^2} = y.$$

また,

$$t'(u) = \frac{1+x^2}{(1-xu)^2} \quad (>0), \quad \text{および} \quad \frac{1}{1+t^2} = \frac{(1-xu)^2}{(1+x^2)(1+u^2)}$$

より,変数 t から u に変数変換して置換積分(6.2.4 項)を実行すると,

$$
\begin{aligned}
\arctan\left(\frac{x+y}{1-xy}\right) &= \int_0^z \frac{dt}{1+t^2} = \int_{-x}^y \frac{(1-xu)^2}{(1+x^2)(1+u^2)} \cdot \frac{1+x^2}{(1-xu)^2}\, du \\
&= \int_{-x}^y \frac{du}{1+u^2} = \int_{-x}^0 \frac{du}{1+u^2} + \int_0^y \frac{du}{1+u^2} \\
&= \int_0^x \frac{du}{1+u^2} + \int_0^y \frac{du}{1+u^2} = \arctan(x) + \arctan(y)
\end{aligned}
$$

となって,目標の関係式が得られた.

例題 7.3 上の議論は $x, y, z\, (=x+y)$ が $\left(-\dfrac{\pi}{2}, \dfrac{\pi}{2}\right)$ の範囲にあるとは限らない一般の場合でも正しく適用できることを確認せよ. $\square$

8 微分と積分の応用 II：高階微分とテイラー展開

8.1 高階微分

8.1.1 高階微分の定義

区間 I 上で定義された関数 $f: I \to \mathbb{R}$ が I 上で微分可能で (5.1.1 項)，さらにその導関数 $f': I \to \mathbb{R}$ も微分可能ならば，f は**二回微分可能**であると言い，この導関数の導関数 $(f')'$ を f'' や $f^{(2)}$，または，

$$\frac{d^2}{dx^2}f, \quad \frac{d^2 f}{dx^2}, \quad \left(\frac{d}{dx}\right)^2 f$$

などのように書いて，**二階導関数**と呼ぶ．

また，導関数と微分係数の関係と同様に，二階導関数の $a \in I$ での値 $f''(a)$ のことを点 a における**二階微分係数**と言う．

さらに二階導関数が導関数を持てばそれを三階導関数，というように，自然数 $n \geq 2$ に対して n 回まで微分できるとき **n 回微分可能**と言い，**n 階導関数**，**n 階微分係数**を同様に定義する．微分と同様に n 階のときも，微分係数と導関数をまとめて n 階微分と呼び，**高階微分**と総称する．

記号は上と同様に以下のように書くが，「ダッシュ（プライム）」の記号は何度もつけると読み難いので，通常は f''' か f'''' までしか使わない．

$$f^{(n)}, \quad \frac{d^n}{dx^n}f, \quad \frac{d^n f}{dx^n}, \quad \left(\frac{d}{dx}\right)^n f.$$

もちろん $f^{(1)}$ は微分（導関数，微分係数）f' のことだが，加えて $f^{(0)}$ は f 自身のことだと約束しておく．

導関数が連続な関数が扱いやすかったように (6.1.4 項)，n 階導関数についても連続であれば都合が良い場合が多い．そこで，$n \in \mathbb{N}$ に対して，$m \leq n$ である任意の $m \in \mathbb{N}$ について f が m 回微分可能で，かつ $f^{(n)}: I \to \mathbb{R}$ が連続であるとき，f は **n 回連続微分可能**である，または **C^n 級**であると言う．な

お，ある点で微分可能ならばその点で連続だから(5.2.1項)，$m<n$ について
も $f^{(m)}$ は I 上連続であることに注意しておく.

また任意の $n\in\mathbb{N}$ について n 回連続微分可能であるような関数は，**無限回
連続微分可能**である，または **C^∞ 級**であると言う.

8.1.2 高階微分の線形性とライプニッツ則

高階微分は微分を繰り返すだけなので，微分の線形性(5.2.2項)をそのま
ま引き継ぐ. すなわち，定数 $a,b\in\mathbb{R}$ と同じ区間 I で定義された2つの関数
$f,g:I\to\mathbb{R}$ について，f,g が n 回微分可能ならば，

$$\{af+bg\}^{(n)}(x)=af^{(n)}(x)+bg^{(n)}(x).$$

また，積の微分(5.2.3項)を繰り返して使えば，以下の**ライプニッツ則**[*1]が
得られる. n 回微分可能な $f,g:I\to\mathbb{R}$ に対して，積 fg も n 回微分可能で

$$\{fg\}^{(n)}(x)=\sum_{k=0}^{n}\binom{n}{k}f^{(k)}(x)\,g^{(n-k)}(x).$$

ここに $\binom{n}{k}$ は二項係数，つまり，

$$\binom{n}{k}=\frac{n!}{k!(n-k)!}$$

である($n!$ は n の階乗，すなわち $n!=1\times2\times\cdots\times n,\ 0!=1$).

実際，上の線形性と積の微分公式より，$n\in\mathbb{N}$ による帰納法と以下の二項係
数の関係式より直ちに示せる.

$$\binom{n}{k-1}+\binom{n}{k}=\binom{n+1}{k},\quad(1\le k\le n+1).$$

例題 8.1　ライプニッツ則を上の方針にしたがって証明せよ.　　　　　　□

8.1.3　関数の概形と高階微分

関数 f の微分 f' を調べることで, もとの関数 f の局所的, 大局的な増減を研究することができるのだった. 同じようにして, f'' を調べることで f' の増減がわかるから, これによって f のふるまいがさらに詳しくわかることになる. このように高階微分によって関数のより深い情報が得られる.

例えば, 以下の多項式で定義された関数 $f : \mathbb{R} \to \mathbb{R}$ を考えよう;

$$f(x) = x^3 - x = x(x-1)(x+1).$$

この右辺の表現より, f は $x = -1, 0, 1$ において値 0 をとり x 軸と交わる.

また, これを微分すると x における微分係数は第 $5.3.3$ 項より

$$f'(x) = 3x^2 - 1 = 3\left(x + \frac{1}{\sqrt{3}}\right)\left(x - \frac{1}{\sqrt{3}}\right)$$

だから, $\alpha = -\dfrac{1}{\sqrt{3}}, \beta = \dfrac{1}{\sqrt{3}}$ の 2 点のみで 0 の値をとる.

f は $x = \alpha, \beta$ の 2 点以外では $f'(x) \neq 0$ だから極値を持たないが, この 2 点では接線が水平であり, 極値をとるかもしれない($5.4.2$ 項).

これらの場所で極値をとるかどうか調べるには, その前後での微分係数の符号を見て f の増減を確認すればよい. $f'(x)$ は上で見たように x の二次式だから直接的に符号がわかるが, 一般的な方法としては, 導関数 f' をさらに微分してその微分係数 $f''(x)$ から増減を調べられる.

f' を微分すると $f''(x) = 6x$ だから, $f'' = (f')'$ は $x = 0$ を境に負から正へと符号を変える. よって f' は $x = 0$ で唯一の極値である極小値 $f'(0) = -1$ をとる. ゆえに, α では f' の値は正から負へ, β では負から正へと変化するので, $f(\alpha), f(\beta)$ はそれぞれ f の極大値, 極小値である.

このように高階微分を計算することによって, 関数の概形についてのより詳しい情報が調べられる. 微分すると関数の形がより簡単になるとは限らないから, これは常に有効なわけではないが, 一般的かつ系統的で強力な手法である.

例題 8.2　C^2 級の関数 f が定義域に含まれる開区間の元 a で極値をとるとき, $f''(a)$ が正/負ならば極小値/極大値であることを納得せよ. 　　　□

8.2 関数の凸性と二階微分

8.2.1 関数の凸性

しばしば役に立つ関数の性質として**凸性**がある．直観的には，関数が「凸である」とはそのグラフが一方向にふくらんでいることである．これを厳密に述べよう．

ある区間 I で定義された関数 $f: I \to \mathbb{R}$ が，任意の $x, y \in I$ と $\lambda + \mu = 1$, $\lambda \geq 0$, $\mu \geq 0$ を満たす任意の $\lambda, \mu \in \mathbb{R}$ について

$$(8.1) \qquad f(\lambda x + \mu y) \leq \lambda f(x) + \mu f(y)$$

を満たすとき，f は I において**下に凸である**，または単に，**凸である**，または**凸関数**であると言う．

逆向きの不等号 “$\geq$” が成り立つときには，**上に凸である**，または**凹である**，または**凹関数**であると言う[*2]．さらに，上の不等号が等号を含まずに “$<$”, “$>$” で成り立つときは，「狭義」をつけて（下に/上に）**狭義凸**であるなどと言う．

$\lambda x + \mu y$ とは区間 $[x, y] \subset I$ を $\mu : \lambda$ に内分する点であり，$\lambda f(x) + \mu f(y)$ とは値 $f(x), f(y)$ の間を同じ比に内分する点だから，上式 (8.1) の意味は，f のグラフ上の 2 点を結ぶ線分が常にグラフよりも上にある，ということである（図 8.1）．

例えば，二次関数 $f(x) = x^2 : \mathbb{R} \to \mathbb{R}$ は直観的には明らかに下に凸だし，$x \mapsto x^3$ で定まる三次関数は $[0, \infty)$ 上で下に凸，$(-\infty, 0]$ で上に凸である．しかし，このような簡単な例でも凸性の定義の不等式を直接に示すことは，なかなか難しい．この凸性を判定するのに二階微分が役に立つ．

8.2.2 平均変化率による凸性の同値条件

関数がある区間で下に凸であるということは，その区間で常に接線の傾きが

[*2] 下に向けてふくらんでいることが凸，上に向けてふくらんでいることが凹では，漢字の形とグラフの形が逆なのだが，慣用である．この事情からして「上/下に凸」の用語の方が良いだろう．ちなみに英語では関数の凸性が “convex”，凹性が “concave” である．

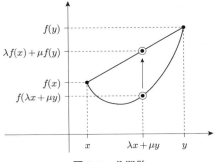

図 8.1 凸関数

増大していることだろう．つまり，微分係数が単調増加しており，二階微分係数が常に非負である．すなわち以下が成り立つ．

閉区間 I 上で定義された二回連続微分可能な関数 f について(8.1.1項)，f が下に凸ならば任意の $x \in I$ について $f''(x) \geq 0$ であり，逆に常に $f''(x) \geq 0$ ならば下に凸．すなわち，二階微分が常に非負であることと凸であることは同値である．

これを厳密に示すため，本項ではまず凸性を平均変化率(5.1.2項)の言葉で書き換えておく．

前項の凸性の定義(8.1)式で x, y の内分点の座標を z とおけば，

$$f(z) \leq \frac{y-z}{y-x} f(x) + \frac{z-x}{y-x} f(y)$$

と書けることに注意する．これを変形すれば，f が凸ならば $x < z < y$ を満たす任意の $x, y, z \in I$ について次の不等式が得られる；

$$(8.2) \qquad \frac{f(z) - f(x)}{z - x} \leq \frac{f(y) - f(z)}{y - z}.$$

また逆に，上式が成立しないような z が存在すれば，前項の定義式(8.1)を満たさないよう内分できるのだから，f が凸であることと上の不等式(8.2)が成り立つことは同値である．

もちろん，上に凸の場合も同様で(8.2)の不等号が "$\geq$" で成立することと同値．

8.2.3　凸性と二階微分

前項で見た凸性の同値条件 (8.2) は，平均変化率が常に増加することに他ならないから，その極限をとれば接線の傾きが増加する，つまり二階微分係数が常に非負であることになる．

まず f が凸ならば (8.2) 式より，任意の $x < y$ なる $x, y \in I$ について，$z \in (x, y)$ ならば

$$\frac{f(z) - f(x)}{z - x} \leq \frac{f(y) - f(x)}{y - x} \leq \frac{f(y) - f(z)}{y - z}$$

が言えるから，区間 $[x, y]$ において左辺で $z \to x (z \neq x)$，右辺で $z \to y (z \neq y)$ の極限をとれば，x, y での微分係数の存在から両辺はこれらに収束して

$$f'(x) \leq \frac{f(y) - f(x)}{y - x} \leq f'(y).$$

よって，f' は I で単調増加し，任意の $x \in I$ について $f''(x) \geq 0$（6.3.2 項）．

逆に，任意の $x \in I$ について $f''(x) \geq 0$ を仮定すれば，f' は I で単調増加するから，$x < z < y$ なる任意の $x, y, z \in I$ に対し，$x \leq \alpha \leq z \leq \beta \leq y$ ならば $f'(\alpha) \leq f'(\beta)$．ゆえに，最大値の定理（3.5.1 項）より

$$\max\{f'(\alpha) : x \leq \alpha \leq z\} \leq \min\{f'(\beta) : z \leq \beta \leq y\}.$$

これと，$x < y$ なる任意の $x, y \in I$ について平均変化率の評価（6.3.3 項）より

$$\min\{f'(\gamma) : x \leq \gamma \leq y\} \leq \frac{f(y) - f(x)}{y - x} \leq \max\{f'(\gamma) : x \leq \gamma \leq y\}$$

であることをあわせれば，凸性の同値条件である前項 (8.2) 式が得られる．

上に凸である場合も不等号を逆にして同様．

例題 8.3　狭義に上／下に凸であることと二階微分係数が常に負／正であることの同値性を，本項の議論をなぞって確認せよ．（ヒント：狭義単調増加と微分係数の関係から，上の議論での不等号が等号なしの不等号におきかえられる）▯

8.2.4 凸性と二階微分：例

具体的な関数の凸性を直接に示すことは難しくとも，二階微分係数の符号を調べることはしばしば単純な計算でやさしい．

例えば，$\log(x):(0,\infty)\to\mathbb{R}$ は，

$$(\log)''(x) = \left(\frac{1}{x}\right)' = -\frac{1}{x^2} < 0$$

だから（7.1.2項），任意の閉区間 $I\subset(0,\infty)$ 上で（狭義に）上に凸である．

したがって，任意の $x, y\in(0,\infty)$ と $\lambda+\mu=1$，$\lambda\geq0$，$\mu\geq0$ なる任意の $\lambda,\mu\in\mathbb{R}$ について，

$$\lambda\log(x)+\mu\log(y) < \log(\lambda x+\mu y)$$

が成り立つ．

指数関数 $\exp:\mathbb{R}\to\mathbb{R}$ についても同様に（7.2.1項），

$$(\exp)''(x) = \exp'(x) = \exp(x) > 0$$

だから，任意の閉区間上で（狭義に）下に凸である．

また別の例を挙げれば，正弦関数 $\sin(x):\mathbb{R}\to\mathbb{R}$ は

$$\sin''(x) = \cos'(x) = -\sin(x)$$

だったから（7.3.7項），例えば $\left[0,\dfrac{\pi}{2}\right]$ 上では $\sin''(x)\leq0$ より上に凸である．

よって，この区間で正弦関数のグラフは特に原点と点 $\left(\dfrac{\pi}{2},1\right)$ を結ぶ線分より上にあるから，

$$\frac{2}{\pi}x \leq \sin(x), \quad \left(0\leq x\leq\frac{\pi}{2}\right)$$

という不等式が得られる．このように，しばしば凸性から自明でない不等式が導かれる．

8.2.5 凸性と接線

初等的には凸性を接線の言葉で述べることが多い．つまり，閉区間 I 上で定義された関数 $f:I\to\mathbb{R}$ が I 上で（下に）凸であるとは，任意の $z\in I$ で引い

た接線が f のグラフより下にあることである（図 8.2）．

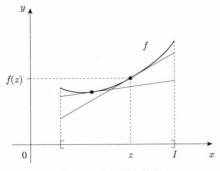

図 8.2　凸関数と接線

　本書での凸性はこの区間でグラフ上の任意の 2 点を結んだ線分がグラフより上にあることだったから（8.2.1 項），適当ななめらかさの仮定のもとこの線分の極限をとれば，上の意味でも凸である．

　この接線と凸性の関係からも，有用な不等式がしばしば導ける．例えば，$\exp\colon \mathbb{R} \to \mathbb{R}$ は任意の閉区間上で下に凸であり（8.2.4 項），点 $(0,1)$ で直線 $y = x+1$ と接していることより（7.2.1 項），任意の $x \in \mathbb{R}$ について

$$\exp(x) \geq x + 1.$$

　同様に，上に凸である $\log(x)$ が $(1,0)$ で直線 $y = x-1$ に接していることから（7.1.2 項），任意の $x \in (0, \infty)$ について

$$\log(x) \leq x - 1.$$

8.3　テイラー展開

8.3.1　微積分学の基本定理からテイラーの定理へ

　微積分学の基本定理（6.1.4 項）によれば，実数 $a < b$ について閉区間 $[a, b]$ 上で連続微分可能な $f\colon [a, b] \to \mathbb{R}$ について，

$$f(b) = f(a) + \int_a^b f'(t)\,dt$$

なのだった.

最大値の定理(3.5.1項)より連続関数 $f'(t)$ の最小値 m と最大値 M が存在するから,上式右辺の積分は積分の平均値の定理(4.3.3項)から,

$$m(b-a) \leq \int_a^b f'(t)\,dt \leq M(b-a)$$

と評価できて,特にある $\xi \in (a,b)$ で $\int_a^b f'(t)\,dt = \xi(b-a)$ と書ける.

これを見直せば,$f(b)$ の値をその近くの $f(a)$ の値で近似したとき,

$$f(b) = f(a) + R_1, \quad R_1 = \int_a^b f'(t)\,dt$$

のように誤差を R_1 とおくと,$m(b-a) \leq R_1 \leq M(b-a)$ と評価できて,特に $R_1 = \xi(b-a)$ のときに正確な等式になる,ということである.

さらにもし f' も $[a,b]$ で連続微分可能ならば,$a < s < b$ なる任意の s について $[a,s]$ でも連続微分可能だから,被積分関数 f' に再び基本定理を適用して,

$$\begin{aligned}
f(b) &= f(a) + \int_a^b \left\{ f'(a) + \int_a^t f''(s)\,ds \right\} dt \\
&= f(a) + f'(a) \int_a^b dt + \int_a^b \left\{ \int_a^t f''(s)\,ds \right\} dt \\
&= f(a) + f'(a)(b-a) + \int_a^b \int_a^t f''(s)\,ds\,dt.
\end{aligned}$$

これを上と同じく,

$$f(b) = f(a) + f'(a)(b-a) + R_2, \quad R_2 = \int_a^b \int_a^t f''(s)\,ds\,dt$$

という a における f, f' の値を用いた $f(b)$ の近似と誤差の表式と見ることができる.すなわち,$f(b)$ を b の一次関数で近似したのである.

そして,この誤差項 R_2 は f'' の最小値,最大値を用いて,上と同じように評価することができ,また,近似を等式として成立させる $\xi \in [a,b]$ が存在する.

この f'' にさらに基本定理を適用して……のように繰り返して,$f(a)$ の値と

f の高階微分の a での値を係数に持つ $(b-a)$ の冪乗による（つまり n 次関数による）$f(b)$ の近似とその誤差項の評価を主張するのが，以下で見るテイラーの定理である．

8.3.2 テイラーの定理

前項の手続きを繰り返して以下の**テイラーの定理**が得られる（証明は次項）．

区間 I 上で定義された関数 $f : I \to \mathbb{R}$ が自然数 n に対し n 回連続微分可能（8.1.1 項）であるとき，任意の $a, x \in I$ について

$$f(x) = \sum_{m=0}^{n-1} \frac{f^{(m)}(a)}{m!}(x-a)^m + R_n(a, x)$$

が成り立つ．ここに $R_n(a, x)$ は

$$R_n(a, x) = \int_a^x \frac{f^{(n)}(t)}{(n-1)!}(x-t)^{n-1}\, dt$$

であり，テイラーの定理の**誤差項**または**剰余項**と言う．

すなわちテイラーの定理は，f の x における値を，x の近くの a での f とその高階導関数の値を係数とする x の多項式で近似し，誤差の具体的な表示も与える．多項式の性質はよくわかっているし，誤差項の積分表示を用いて評価もできるから，テイラーの定理は一般の関数を調べる有力な手段になる．

8.3.3 テイラーの定理の証明

以下では帰納法を用いてテイラーの定理を証明する．

$n=1$ のときは第 8.3.1 項で既に見たように微積分学の基本定理そのもの．

$n=k$ のときにテイラーの定理（前項）が正しいと仮定すると，

$$f(x) = \sum_{m=0}^{k-1} \frac{f^{(m)}(a)}{m!}(x-a)^m + \int_a^x \frac{f^{(k)}(t)}{(k-1)!}(x-t)^{k-1}\, dt$$

が成立しているが，この誤差項の被積分関数 $f^{(k)}$ が連続微分可能ならば部分積分（6.2.3 項）して，

$$R_k(a, x) = \int_a^x \frac{(x-t)^{k-1}}{(k-1)!} \cdot f^{(k)}(t)\, dt$$

$$= \left[-\frac{(x-t)^k}{k!} f^{(k)}(t) \right]_a^x + \int_a^x \frac{(x-t)^k}{k!} f^{(k+1)}(t)\, dt$$

$$= \frac{(x-a)^k}{k!} f^{(k)}(a) + R_{k+1}(a, x)$$

だから，$n = k+1$ のときにも正しく，帰納法より任意の $n \in \mathbb{N}$ で成立する．

8.3.4　テイラーの定理の誤差項の評価

テイラーの定理の利点の 1 つは，誤差項が

$$R_n(a, x) = \int_a^x \frac{f^{(n)}(t)}{(n-1)!} (x-t)^{n-1}\, dt$$

のように具体的に積分表示されていることである．これによって，積分の基本的評価の方法を用いて誤差の大きさが調べられる．

まず，被積分関数の $(x-t)^{n-1}$ の部分は積分範囲で定符号だから，誤差項は積分の平均値の定理の一般化($4.3.3$ 項，(4.5)式)で評価できる．例えば，$a < x$ ならば，$f^{(n)}$ の区間 $[a, x]$ での最小値，最大値をこの順に m, M とすれば

$$m \int_a^x \frac{(x-t)^{n-1}}{(n-1)!}\, dt \le R_n(a, x) \le M \int_a^x \frac{(x-t)^{n-1}}{(n-1)!}\, dt.$$

この両辺を置換積分($6.2.4$ 項)で計算すれば

$$m \frac{(x-a)^n}{n!} \le R_n(a, x) \le M \frac{(x-a)^n}{n!}$$

という評価が得られて，しかも，

$$R_n(a, x) = f^{(n)}(\xi) \frac{(x-a)^n}{n!}$$

のように等号を成立させる実数 ξ が a, x の間に存在する．

したがって，テイラーの定理は誤差の大きさを評価できるばかりか，この ξ について以下の等式が成り立つことも主張する；

$$f(x) = f(a) + f'(a)(x-a) + \frac{f''(a)}{2!}(x-a)^2 + \cdots + \frac{f^{(n)}(\xi)}{n!}(x-a)^n.$$

8.3.5 テイラー展開

テイラーの定理で項数 n を無限に大きくしていくことで，

$$f(x) = \sum_{n=0}^{\infty} \frac{f^{(n)}(a)}{n!}(x-a)^n$$

$$= f(a) + f'(a)(x-a) + \frac{f''(a)}{2}(x-a)^2 + \frac{f'''(a)}{6}(x-a)^3 + \cdots$$

という $(x-a)$ の冪乗の無限和による表示，すなわち無限級数展開が成り立つ だろう．これを $f(x)$ の（点 a の周りでの）**テイラー展開**と言う．

以下では前項での誤差評価を用いて，この次数を無限に大きくすることの意 味，つまり，上式の両辺が等しいということの意味を正確に述べる．

実数 $b < c$ に対し閉区間 $I = [b, c]$ 上で無限回連続微分可能な関数 $f: I \to \mathbb{R}$ と $a \in I$ について，テイラーの定理（8.3.2 項）より

$$\left| f(x) - \sum_{m=0}^{n-1} \frac{f^{(m)}(a)}{m!}(x-a)^m \right| = |R_n(a, x)|$$

だが，$L(a) = \max\{a-b, c-a\}$ とおけば，前項の誤差評価より

(8.3)
$$|R_n(a, x)| \le \frac{L(a)^n}{n!} \max_{x \in I} f^{(n)}(x)$$

という評価が得られる．

よって，この右辺が $n \to \infty$ のとき 0 に収束するならば，関数列 $f_n(x) = \sum_{m=0}^{n-1} \frac{f^{(m)}(a)}{m!}(x-a)^m$, $(n \in \mathbb{N})$ について，$n \to \infty$ のとき

$$\max_{x \in I} |f(x) - f_n(x)| \to 0$$

だから，f_n は I 上で f に一様収束する（2.5.1 項）．

このときこれを本項の冒頭のように書いて，$f(x)$ の $x = a$ の周りでのテイ ラー展開と呼ぶのである．なお，特に $x = 0$ の周りでのテイラー展開のことを **マクローリン展開**と呼ぶことがある．

8.3.6 テイラー展開の例 I：指数関数と対数関数

指数関数 $e^x = \exp(x): \mathbb{R} \to \mathbb{R}$ は任意の n について $\exp^{(n)}(x) = \exp(x)$ だっ たから（7.2.1 項），$\exp^{(n)}(0) = \exp(0) = 1$ より，0 の周りでのテイラー展開

$$\exp(x) = \sum_{n=0}^{\infty} \frac{x^n}{n!} = 1 + x + \frac{x^2}{2!} + \frac{x^3}{3!} + \cdots$$

が成立する.

　実際, 前項で見た誤差項の評価 (8.3) は, 0 を含む任意の閉区間 $I = [b, c]$ で $L = \max\{-b, c\}$ について

$$|R_n(0, x)| \leq \frac{L^n}{n!} \exp(c)$$

となって, $k < n$ を満たす $k \in \mathbb{N}$ について

$$\frac{L^n}{n!} = \frac{L}{1} \cdot \frac{L}{2} \cdots \frac{L}{n} \leq \frac{L^k}{k!} \left(\frac{L}{k+1}\right)^{n-k}$$

だから, $L < k+1$ となるよう固定した k に対して十分大きい n についていくらでも小さくできる. よって, 誤差項 $|R_n(0, x)|$ は ($x \in [b, c]$ に依存せず一様に) 0 に収束する.

　なお, e^x の 0 の周りでのテイラー展開で特に $x = 1$ とおけば,

$$e = \sum_{n=0}^{\infty} \frac{1}{n!} = 1 + 1 + \frac{1}{2!} + \frac{1}{3!} + \cdots$$

となって, 自然対数の底 e (7.1.5 項) の無限和による表示が得られる.

　同様に $\log(x)$ の 1 の周りでのテイラー展開は, $x \in (0, 2)$ について

$$\log(x) = \sum_{n=1}^{\infty} (-1)^{n+1} \frac{(x-1)^n}{n}.$$

この展開を $x \in (0, 2)$ (つまり $|x-1| < 1$) に制限したのは誤差項の一様収束を保証するためである.

8.3.7　テイラー展開の例 II：$\sin(x)$ と $\cos(x)$

　正弦関数 $\sin(x)$ の 0 の周りでのテイラー展開は, $\sin'(0) = \cos(0) = 1$, $\sin''(0) = -\sin(0) = 0$, $\sin'''(0) = -\cos(0) = -1$ などから,

$$\sin(x) = \sum_{n=0}^{\infty} (-1)^n \frac{x^{2n+1}}{(2n+1)!} = x - \frac{x^3}{3!} + \frac{x^5}{5!} - \cdots.$$

この展開には x の奇数冪乗 (したがって奇関数) だけが現れることに注意せよ.

　同様にして, 余弦関数 $\cos(x)$ の 0 の周りでのテイラー展開は,

$$\cos(x) = \sum_{n=0}^{\infty} (-1)^n \frac{x^{2n}}{(2n)!} = 1 - \frac{x^2}{2!} + \frac{x^4}{4!} - \cdots .$$

この展開には x の偶数冪乗（したがって偶関数）だけが現れている.

これら $\sin(x), \cos(x)$ のテイラー展開と前項で見た指数関数のテイラー展開を比較すれば，$x = \sqrt{-1}\,y$ とおくことで

$$\exp(\sqrt{-1}\,y) = \cos(y) + \sqrt{-1}\sin(y)$$

という公式が得られることになる. ここで $\sqrt{-1}$ は2乗すると $(\sqrt{-1})^2 = -1$ となる仮想的な「数」である. もちろん，任意の実数の2乗は非負だから，このような数は実数にはありえない.

本書においては，この等式（いわゆる**オイラーの公式**）は形式的に成り立つに過ぎず，数学的内容を持つものではないが，変数を複素数の範囲まで拡張した関数の理論である複素関数論において重要な実質を与えられることになる.

例題 8.4 $x \neq 0$ のとき $f(x) = \exp\left(-\dfrac{1}{x^2}\right)$, $x = 0$ のとき $f(0) = 0$ で定義した関数 f は，任意の $n \in \mathbb{N}$ に対し $f^{(n)}(0) = 0$ である. これは f の $x = 0$ の周りのテイラー展開は定数関数 0 だということだろうか？（ヒント：一様収束）

◻

例題 8.5 仮想的な数 $\sqrt{-1}$ を含む場合にも指数法則（7.2.3項）を認めれば，

$$\exp\left(\sqrt{-1}\,(u+v)\right) = \exp(\sqrt{-1}u) \exp(\sqrt{-1}\,v).$$

これとオイラーの公式を利用して三角関数の加法定理（7.3.8項）を導け.   ◻

9　微積分学の源流としての微分方程式

9.1　微分と積分による世界の探究

9.1.1　指数関数

　微積分学の源流は，物体の運動を局所的な性質，例えば瞬間での性質を微分で記述し，その大域的なふるまいを積分で調べるという，力学の研究方法にある（9.2.1項）．しかし，その応用は力学や物理学に限らず極めて広範囲に渡る．

　ある伝染病の感染者数の変化をモデル化しよう．感染者数は0以上の整数だが実数値をとるものとする．最も単純な近似として，感染者の増加率はその時点での感染者数に比例するだろう．なぜなら，感染の機会は感染者数におおむね比例するだろうからである．

　時刻 t における感染者数を $N(t)$ と書くと，増加率とは瞬間の平均変化率，すなわち微分係数 $N'(t)$ だから（5.1.2項），ある定数 c について

$$(9.1) \qquad N'(t) = c\,N(t)$$

を満たすだろう．

　この関係式は，その姿の全体像を知りたい関数の局所的な性質に関する方程式である．よって各瞬間の挙動をつなぎあわせて大域的な情報を得ること，すなわち広い意味での「積分」が主要な解析手段になる．実際この簡単な例では，積分を実行して $N(t)$ を具体的に求めることができる．

　上式の両辺を $N(t)>0$ で割って，時刻 t_0 から t まで積分すると

$$\int_{t_0}^{t} \frac{N'(s)}{N(s)}\, ds = \int_{t_0}^{t} c\, ds = c(t-t_0)$$

となるから，左辺の積分は置換積分（6.2.4項）で計算できて，

$$\log(N(t)) - \log(N(t_0)) = \log\left(\frac{N(t)}{N(t_0)}\right) = c(t - t_0).$$

よって,

$$N(t) = N(t_0)e^{c(t-t_0)}.$$

確かにこれは上式(9.1)を満たしていて,その意味で解である.この解には $N(t_0), c$ という定数が含まれているが,$t = t_0$ のときの $N(t)$ の値 $N(t_0)$ と,$t \neq t_0$ での $N(t)$ の実際のデータから推測することになる.

このように,ある量の変化率がその量自身に比例するとき,その量は指数関数で表される.この性質は自然現象においてしばしば観察されるが,その他にも,金融資産からの利子収入が資産の大きさに比例するなど,自然界に限らず幅広い一般性がある.また,指数関数はどんな多項式よりも急速に成長,減衰するという性質(7.2.2項)は応用上も重要である.

9.1.2 ロジスティック方程式

前項では感染者の増加率が感染者数に比例すると仮定した.この仮定は全体の人口に比べて感染者数が少ないときには良い近似だが,感染者数が増加するに連れて,これから感染する非感染者数が少なくなる効果を無視している.

そこで,方程式(9.1)に代えて,$N(t)$ を全人口に対する感染者数の割合(実数)として,

$$(9.2) \qquad N'(t) = c\,N(t)\{1 - N(t)\}$$

とすることが考えられる.これを**ロジスティック方程式**と呼ぶ.

$N(t)$ は感染者の割合だから $0 \leq N(t) \leq 1$ だが,特に $N(t) = 0$ もしくは $N(t) = 1$ の定数関数は,上式の両辺とも 0 となって方程式を満たしていることに注意しておく.

ひとまず任意の t で $0 < N(t) < 1$ と仮定して,前項でのように上式両辺を $N(t)\{1 - N(t)\}$ で割って積分すると,

$$\int_{t_0}^{t} \frac{N'(s)}{N(s)\{1 - N(s)\}}\,ds = \int_{t_0}^{t} c\,ds = c(t - t_0).$$

ここで,

$$\frac{1}{N(1-N)} = \frac{1}{N} + \frac{1}{1-N}$$

の関係に注意すれば,この左辺の積分も前項と同様に置換積分(6.2.4項)によって計算できて,

$$[\log(N) - \log(1-N)]_{N(t_0)}^{N(t)} = \left[\log\left(\frac{N}{1-N}\right)\right]_{N(t_0)}^{N(t)} = c(t-t_0).$$

これを $N(t)$ について整理して

$$N(t) = \frac{ke^{c(t-t_0)}}{1+ke^{c(t-t_0)}}, \quad \left(k = \frac{N(t_0)}{1-N(t_0)}\right).$$

　この $N(t)$ の大域的な挙動としては,任意の t について $0 < N(t) < 1$ であり(よって冒頭でおいた仮定を満たす),$t \to \infty$ のとき $N(t) \to 1$. また(9.2)より $N'(t) > 0$ だから狭義単調増加で,しかも傾き(成長率)$N'(t)$ は徐々に増加して $N(t) = 1/2$ となった時点で減少に転じ,0 に向かう.

　以上の観察から $N(t)$ の概形は以下の図 9.1 のようになる.このグラフのことを**ロジスティック曲線**と呼ぶ.

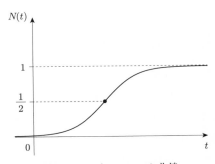

図 9.1　ロジスティック曲線

9.1.3　変数分離形
ここまでで具体的に積分した方法は,以下のように求めたい関数 X の微分

が，X の式と t の式の積で書かれていれば，一般的に適用できる．このタイプの方程式を**変数分離形**と呼ぶ；

$$(9.3) \qquad\qquad X'(t) = f(X)g(t).$$

　実際，この両辺を $f(X)$ で割って t で積分すれば

$$\int_{t_0}^{t} \frac{X'(t)}{f(X(t))} \, dt = \int_{t_0}^{t} g(t) \, dt$$

となって右辺は通常の積分だし，左辺は変数変換 $X = X(t)$ による置換積分（6.2.4 項）と見ることができて，$\int_{X(t_0)}^{X(t)} \frac{1}{f(X)} \, dX$ に等しい．この右辺も左辺も 1 変数だけによる積分だから，（具体的な関数で表示できるとは限らないが）各々積分を実行できて，$X(t)$ が求められる．

　この変数分離形の解き方は，上の (9.3) 式を形式的に

$$\frac{dX}{dt} = f(X)g(t) \quad \text{から} \quad \frac{1}{f(X)} \, dX = g(t) \, dt \quad \text{へと}$$

変形して両辺を積分した，と思うと記憶しやすい．

例題 9.1　具体的に解ける変数分離形の微分方程式を適当に設定し，それを解いて，微分方程式の形と解の概形の対応を観察せよ． □

9.2　運動方程式と調和振動子

9.2.1　ニュートンの運動方程式

　微積分学の源流は力学の研究にあると述べたが，本節ではその最も簡単な場合であり，しかも重要な例を詳しく調べよう．

　時刻 t における物体の位置が $X(t)$ で表されているとき，その導関数 $X'(t)$ は時刻 t における瞬間の位置の変化率だから（5.1.2 項），物理学の言葉ではこの運動の**速度**に他ならない．また，二階導関数（8.1.1 項）の $X''(t)$ は t における速度の変化率だから，**加速度**である．

　この加速度は，その物体に加わる力 F に比例し，物体の質量 m に反比例する（ニュートンの第二法則）．すなわち，

$$X''(t) = \frac{F}{m}$$

が成り立つ. これを**ニュートンの運動方程式**と呼ぶ.

　多くの場合, この方程式によって研究したい運動 $X(t)$ は多次元の空間に値をとるから多次元の微積分学が必要になるが, 次項ではこれまでに学んだ微積分学が適用できる 1 次元の運動の例を考える.

9.2.2　調和振動子

　関数 $X : [0, \infty) \to \mathbb{R}$ が定数 $k > 0$ に対し, 任意の $t \in [0, \infty)$ について以下の関係を満たしているとする:

(9.4)
$$X''(t) = -kX(t).$$

この力学的な解釈の 1 つは, ばねによる振動である.

　今, レールにおかれた質量 m の玉がある点にばねで結びつけられていて, この玉に働くばねの力以外の力は無視できるとしよう. フックの法則より, 玉に働く力は釣り合いの位置(これを座標 0 にとる)からの距離 $X(t)$ に比例し, $X(t) > 0$ なら負に, $X(t) < 0$ なら正に, つまり原点方向に引っ張る, または押す方向に働く.

　よって前項で見たニュートンの運動方程式は, 質量 m も定数 k の中に含めて上式(9.4)のように書ける. この方程式で記述されるものを**調和振動子**と言う.

　$\sin$ と $\cos$ の微分の関係(7.3.7 項)を思い出せば, $\sin(\sqrt{k}\,t)$ と $\cos(\sqrt{k}\,t)$ の 2 つはこの方程式を満たしている. 実際,

$$\sin''(\sqrt{k}\,t) = (\sqrt{k}\,\cos(\sqrt{k}\,t))' = -k\sin(\sqrt{k}\,t)$$

となり, $\cos(\sqrt{k}\,t)$ も同様.

　また, 微分の線形性(5.2.2 項)よりこれらの線形結合, すなわち $a, b \in \mathbb{R}$ を定数として

(9.5)
$$X(t) = a\sin(\sqrt{k}\,t) + b\cos(\sqrt{k}\,t)$$

も (9.4) を満たしている. この特別な場合として, $X(t)=0$ (定数関数) も方程式を満たす. これでとりあえず, 運動方程式 (9.4) を満たす一般的な解のクラスが得られたことになる.

しかし, $X(t)$ が初期条件, 例えば時刻 $t=0$ で位置 $X(0)$ や速度 $X'(0)$ などの条件を与えても満たすことができるか, またこのような条件から解は1つに定まるか, といった基本的な問題を解決するためには, (9.4) を満たす解が (9.5) で尽されていることを示さなければならない. これを次項で証明しよう.

9.2.3 調和振動子の問題の一般解

今, $X_1(t), X_2(t)$ がどちらも調和振動子の運動方程式 (前項 (9.4) 式) を満たすものとして,

$$F(t) = X_1(t)X_2'(t) - X_1'(t)X_2(t)$$

とおくと, $F'(t)=0$ が成り立つ[*1]. 実際, 積の微分公式 (5.2.3 項) より

$$F' = (X_1X_2' - X_1'X_2)' = X_1'X_2' + X_1X_2'' - X_1''X_2 - X_1'X_2'$$
$$= X_1X_2'' - X_1''X_2 = X_1(-kX_2) - (-kX_1)X_2 = k(-X_1X_2 + X_1X_2) = 0.$$

したがって, ある定数 c が存在して $F(t)=c$ (定数関数) であり (5.4.4 項),

$$X_1(t)X_2'(t) - X_1'(t)X_2(t) = c.$$

前項で見たように $\cos(\sqrt{k}\,t)$ は方程式 (9.4) の解だったから, $X_2(t)$ の方は任意の解 $X(t)$ として, 特に $X_1(t)=\cos(\sqrt{k}\,t)$ と選んでもよい. すなわち, $c_1 \in \mathbb{R}$ を定数として

$$\cos(\sqrt{k}\,t)X'(t) - (\cos(\sqrt{k}\,t))'X(t) = c_1$$

となって, $\sin, \cos$ の微分の関係 (7.3.7 項) から,

[*1] この天下りの $F(t)$ の決め方さえ認めれば初等的な以下の証明はポントリャーギン [11] などに見られるが, 線形微分方程式の一般論から自然に得られる手法である.

$$\cos(\sqrt{k}\,t)X'(t) + \sqrt{k}\,\sin(\sqrt{k}\,t)X(t) = c_1.$$

同様に $X_1(t) = \sin(\sqrt{k}\,t)$ と選んでもよいから，$c_2 \in \mathbb{R}$ を定数として

$$\sin(\sqrt{k}\,t)X'(t) - \sqrt{k}\,\cos(\sqrt{k}\,t)X(t) = c_2.$$

以上の 2 つの式から $X'(t)$ を消去すれば，

$$\sqrt{k}\,X(t)\{(\sin(\sqrt{k}\,t))^2 + (\cos(\sqrt{k}\,t))^2\} = c_1\sin(\sqrt{k}\,t) - c_2\cos(\sqrt{k}\,t).$$

ゆえに，$\sin, \cos$ の基本的関係(7.3.4 項，(7.2)式)より，

$$X(t) = a\sin(\sqrt{k}\,t) + b\cos(\sqrt{k}\,t)$$

となって，ここに $a = \dfrac{c_1}{\sqrt{k}}, b = -\dfrac{c_2}{\sqrt{k}}$ は任意の定数．したがって，この表式は調和振動子の運動方程式(9.4)のすべての解を与える．

　これより，例えば時刻 $t = 0$ での位置 $X(0)$ と，速度 $X'(0)$ の値を初期値として与えれば，a, b が定まってただ 1 つの解が得られる．

9.3　微分方程式とその解

9.3.1　微分方程式の正規形

　前節までに見たような，ある未知の関数についての，その導関数を含む方程式を微分方程式と呼び，その関数を求めることを微分方程式を解く，と言う．ここではこれを 1 変数で実数値の場合に定式化した形で述べよう．

　区間 I 上で定義された微分可能な関数 $X : I \to \mathbb{R}$ に対し，導関数 X' が満たす関係式

$$(9.6) \qquad\qquad X'(t) = F(t, X)$$

のことを 1 変数実数値関数 X の**正規形常微分方程式**，または簡単に**常微分方程式**や，単に**微分方程式**と言う．

　ここで右辺の F は $t \in I$ と $X(t) \in X(I)(\subset \mathbb{R})$ の対を実数に写す写像である．

例えば，変数分離形(9.1.3項)の場合は，$F(t, X) = f(X)g(t)$ と都合良く書けているのだった．

そして，I 上で微分可能な関数 $X : I \to \mathbb{R}$ で，任意の $t \in I$ について上式を満たすものをこの微分方程式(9.6)の解と言う．

これまでに見た例で言えば，指数関数の満たす方程式(9.1.1項)やロジスティック方程式(9.1.2項)は微分方程式であり，それぞれが満たす解を具体的に積分を実行することで求めたのだった．

一方，ニュートンの運動方程式(9.2.1項)や調和振動子の方程式(9.2.2項)は求めたい関数の二階導関数が含まれているから，そのままの形では正規形常微分方程式には見えない．しかし，例えば調和振動子の方程式 $X'' = -kX$ ならば，

$$X'(t) = Y(t), \quad Y'(t) = -kX$$

と新たな関数 $Y : I \to \mathbb{R}$ を導入して連立方程式の形に書き，さらに

$$\begin{pmatrix} X(t) \\ Y(t) \end{pmatrix}' = \begin{pmatrix} 0 & 1 \\ -k & 0 \end{pmatrix} \begin{pmatrix} X(t) \\ Y(t) \end{pmatrix}$$

のように書き直せば，二次元ベクトル値の関数 $Z(t) = \begin{pmatrix} X(t) \\ Y(t) \end{pmatrix}$ と上式右辺の定数行列 A によって，正規形常微分方程式 $Z'(t) = AZ(t)$ の形に書ける．

このように多次元ベクトル値関数まで考えれば，正規形常微分方程式は高階微分も含んで理論上も応用上も広い研究対象になる．しかし本書では微積分学入門の立場から実数値の場合しか扱わないから，以下でもこの場合に限って正規形常微分方程式を考える．

9.3.2 微分方程式の初期値問題

これまでに見た例でもそうであったように，微分方程式は前項(9.6)式を満たす上に，ある $t_0 \in I$ において X が与えられた値 x_0 をとるという条件 $X(t_0) = x_0$ を要請し，そのことで解がただ1つに定まることが望ましい．

この x_0 のことを X の**初期値**，この条件のことを**初期条件**と呼び，微分方

程式とその初期条件をあわせたもの，つまり

$$(9.7) \qquad\qquad X'(t) = F(t, X), \quad X(t_0) = x_0$$

のことを微分方程式の**初期値問題**と呼ぶ.

初期値問題に対して以下のような基本的な研究課題がある.

(1) t_0 を含むある（小さな）区間 $I' \subset I$ で解が存在するか？
(2) I' はどこまで拡げられるか？ I 全体まで拡げられるか？
(3) 初期値問題の解はただ 1 つに定まるか？

初期値問題に一意的な解 $X(t) = X(t, x_0)$（$X(t)$ が初期値 x_0 で決まることを変数に含めて表した）が存在したとして，さらに高度な課題としては，

(i) $X(t, x_0)$ は x_0 の関数として連続か？
(ii) さらに $X(t, x_0)$ は x_0 の関数として微分可能か？

といった問題にも肯定的に答えられればより良い.

なぜなら，初期値が少しずれたときに $X(t, x_0)$ の変化も小さかったり，その変化が滑らかならば，その解は初期値の誤差や揺動に対し安定しているわけで，理論上も応用上も望ましい. 逆に，初期値のずれに対し鋭敏に変化するようでは，解の性質を調べるのが理論的に難しい上に，必然的に誤差を含む現実世界においては役に立たないだろう.

9.4 微分方程式の一般論

9.4.1 微分方程式の問題への近似的アプローチ

指数関数の微分方程式やロジスティック方程式は具体的に解けたし，変数分離形ならば積分が実行できた. 他にも個々の状況に適用できるトリックが色々と知られている. このように解の具体的な表示が得られれば，それを用いて上に挙げた諸問題にも答えられるが，ほとんどの場合には不可能である. よって，一般的に適用できるような別のアプローチが必要になる.

アイデアを示すため，以下では F が連続性など良い性質を持つとしよう.

まず，X が初期値問題（前項(9.7)式）の解ならば，微積分学の基本定理(6.1.4項)より以下の積分型の方程式を満たすことに注意する：

$$X(t) = \int_{t_0}^t F(s, X(s))\, ds + x_0.$$

また逆に，X がこの積分方程式を満たすならば，この積分表示から I において微分可能で，両辺を微分すれば初期条件も含めて(9.7)の解であることがわかる．よって上式が解ければよい．

一般的に適用できるアイデアは，もし t_1 が十分 t_0 に近ければ，$t_0 \le s \le t_1$ において $X(s)$ は $X(t_0) = x_0$ に近いはずだから，F の性質が良ければ $F(s, X(s))$ は $F(s, x_0)$ に近いだろう，という近似である．とすれば，

$$X(t_1) \sim \int_{t_0}^{t_1} F(s, x_0)\, ds + x_0$$

という近似が成り立ち，右辺には X が含まれていないので，解 X の具体的な表示が得られている．

この近似を精密化すれば t_0 に十分に近い t_1 までの $X(t)$ について存在や一意性を調べることができるだろう．例えば，$n \in \mathbb{N}$ について

$$X_n(t) = \int_{t_0}^t F(s, X_{n-1}(s))\, ds + x_0, \quad X_0(t) = x_0$$

という漸化式によって近似を改善し，$n \to \infty$ での極限で解を得ることが考えられる．これを**ピカールの逐次近似法**と言う．また，上の漸化式を $T : X_n \mapsto X_{n+1}$ という関数の変換 T と見て，$T(X) = X$ となる X（この X を T の不動点と言う）の存在を抽象的に証明する手段もある．

もちろん，以上の方針は t_0 を含む十分に小さな区間にしか適用できない．つまり局所解しか得られない．これをどこまで広い t に拡げられるか，という大域的な解の問題はより難しい．しかし基本的には，同じ近似を繰り返して，局所解を大域的につないでいくことが考えられる．

9.4.2 リプシッツ条件

前項で見たアイデアを実現するための F の良い性質としては，t と x, y がそれぞれある区間に属するとき

(9.8) $$|F(t, x) - F(t, y)| \leq K|x - y|$$

が成り立つような定数 $K > 0$ の存在を要請することが考えられる. これを**リ**
プシッツ条件と呼ぶ.

リプシッツ条件を満たす $F(t, x)$ は x について連続である. なぜなら上式
右辺で $y \to x$ とすれば左辺も 0 に近づく. また逆に, 各 t で上式を満たすた
めの簡便な仮定としては, x について閉区間で連続微分可能ならばよい. 実
際, 微積分学の基本定理 (6.1.4 項) と最大値の定理 (3.5.1 項) より, 任意の区
間での平均変化率が微分係数の最大値と最小値で評価できて上式に他ならない
(6.3.3 項).

本書の残りでは, リプシッツ条件を仮定して, 第 9.3.2 項で挙げた基本的
問題の (1) と (3), すなわち, 局所解の存在と一意性を証明する[*2].

9.4.3 微分方程式の解の一意性

リプシッツ条件が自然な要請である様子を見るために, まずこの条件の下で
解が存在すればただ 1 つであること, つまり解の一意性を証明しよう.

初期値問題 (9.3.2 項, (9.7) 式) において, ある実数 $r > 0, R > 0$ に対し
$F(t, x)$ が $I = \{t : |t - t_0| \leq r\}$, $D = \{x : |x - x_0| \leq R\}$ の範囲で t について連続
で, かつ, リプシッツ条件を満たすとする. つまり, ある $K > 0$ に対し, 任
意の $t \in I$ と任意の $x, y \in D$ について

$$|F(t, x) - F(t, y)| \leq K|x - y|.$$

$X_1, X_2 : I \to D$ がどちらも同じ初期値問題の解ならば, $X_j'(t) = F(t, X_j(t))$,
$(j = 1, 2)$ は $t \in I, X_j(t) \in D$ において連続だから, 微積分学の基本定理 (6.1.4
項) より, $t \in I$ について

$$X_j(t) = x_0 + \int_{t_0}^t F(s, X_j(s)) \, ds.$$

よって上式で X_1, X_2 の差 $Y(t) = X_1(t) - X_2(t)$ をとれば, 積分の線形性

[*2] 以下での証明方法はよく知られた古典的, 標準的なものだが, 特に高橋 [7] にある証明を本
書の文脈と記号でパラフレーズしたものである.

(4.2.1項)より

$$Y(t) = \int_{t_0}^{t} \{F(s, X_1(s)) - F(s, X_2(s))\} \, ds.$$

ゆえに,積分の単調性による絶対値評価(4.2.2項)とリプシッツ条件より,簡単のため $t \geq t_0$ として,

(9.9)
$$|Y(t)| \leq \int_{t_0}^{t} |F(s, X_1(s)) - F(s, X_2(s))| \, ds$$
$$\leq K \int_{t_0}^{t} |X_1(s) - X_2(s)| \, ds = K \int_{t_0}^{t} |Y(s)| \, ds.$$

もちろん,$t < t_0$ の場合も符号をつければ同じ評価である.

各 X_j は初期値問題の解であることより連続だから $|Y(t)| = |X_1(t) - X_2(t)|$ も連続で,最大値の定理(3.5.1項)より閉区間 I 上で最大値 M が存在する.したがって,さらに

$$|Y(t)| \leq K \int_{t_0}^{t} M \, ds = KM(t - t_0).$$

これを上の(9.9)に代入すれば,

$$|Y(t)| \leq K \int_{t_0}^{t} KM(s - t_0) \, ds = MK^2 \frac{(t - t_0)^2}{2}.$$

これを再び(9.9)に代入して積分する,という手続きを繰り返せば,任意の $n \in \mathbb{N}$ について(t と t_0 の大小関係によらず)

$$|Y(t)| \leq MK^n \frac{|t - t_0|^n}{n!}.$$

K, M は定数で $|t - t_0| \leq r$ だから,この右辺は $n > Kr$ を大きくとればいくらでも小さい.ゆえに,$t \in I$ によらず $Y(t) = 0$,つまり $X_1(t) = X_2(t)$.

9.4.4 微分方程式の局所解の存在

前項と同じく $F(t, x)$ にリプシッツ条件(9.4.2項,(9.8)式)をおいて,初期値問題(9.3.2項,(9.7)式)の解の存在を証明しよう.ただし,この解は十分に小さな時間範囲における解,すなわち局所解である.

より正確に述べれば,$|t - t_0| \leq \delta$ の範囲での解 $X(t)$ であり,この定数 δ は

t に関する連続性と t, x に対するリプシッツ条件が満たされる範囲を $I = \{t : |t - t_0| \leq r\}$, $D = \{x : |x - x_0| \leq R\}$ で与えた定数 r と R および，この範囲での $|F(t, x)|$ の最大値に依存して小さく選ぶ必要がある．

以下では，この $|t - t_0| \leq \delta$ の範囲で

$$(9.10) \qquad X(t) = x_0 + \int_{t_0}^{t} F(s, X(s)) \, ds$$

を満たす連続関数 $X(t)$ が存在することを示そう．これが言えれば，$X(t)$ は上式よりこの定義域上で連続微分可能で，初期値問題の解である．

そこで解 $X(t)$ に収束することを期待して，以下の漸化式で $[t_0 - \delta, t_0 + \delta]$ 上で定義された近似列 $X_n(t)$ を定義したい（9.4.1 項，ピカールの逐次近似法）；

$$X_0(t) = x_0 \ (\text{定数関数}),$$

$$(9.11) \quad X_n(t) = x_0 + \int_{t_0}^{t} F(s, X_{n-1}(s)) \, ds, \quad (n = 1, 2, \dots).$$

この漸化式で $\{X_n(t)\}$ を逐次的に定義するには（かつ以下でリプシッツ条件を用いるには），$X_n(t) \in D$, $(n \in \mathbb{N})$ を保証しなければならない．そのためには，積分の最大値評価（4.3.3 項）より

$$\left| \int_{t_0}^{t} F(s, X_{n-1}(s)) \, ds \right| \leq |t - t_0| \max\{|F(t, x)| : t \in I, x \in D\}$$

だから，$M = \max\{|F(t, x)| : t \in I, x \in D\}$ として $0 < \delta \leq \dfrac{R}{M}$ かつ $0 < \delta \leq r$ を満たすように δ を選べば，$[t_0 - \delta, t_0 + \delta] \subset I$ において常に $X_n \in D$.

このように選んだ区間の $t \in [t_0 - \delta, t_0 + \delta]$ において，上式（9.11）より

$$X_{n+1}(t) - X_n(t) = \int_{t_0}^{t} \{F(s, X_n(s)) - F(s, X_{n-1}(s))\} \, ds.$$

この右辺にリプシッツ条件を用いて，

$$|X_{n+1}(t) - X_n(t)| \leq K \left| \int_{t_0}^{t} |X_n(s) - X_{n-1}(s)| \, ds \right|.$$

これより前項の一意性の証明と同様に，以下の評価が帰納的に得られる；

$$|X_{n+1}(t) - X_n(t)| \le \frac{K^n |t - t_0|^n}{n!} \max\{|X_1(s) - X_0(s)| : |s - t_0| \le \delta\}$$
$$\le \frac{(K\delta)^n}{n!} R.$$

この評価と「望遠鏡和」($2.2.5$ 項, 脚注 5)を用いると, 自然数 $n < m$ について

$$|X_m(t) - X_n(t)| = \left| \sum_{j=n}^{m-1} \{X_{j+1}(t) - X_j(t)\} \right| \le \sum_{j=n}^{m-1} |X_{j+1}(t) - X_j(t)|$$
$$\le R \sum_{j=n}^{m-1} \frac{(K\delta)^j}{j!} \le R \sum_{j=n}^{\infty} \frac{(K\delta)^j}{j!}.$$

この右辺は指数関数のテイラー展開($8.3.6$ 項)を用いて,

$$\sum_{j=n}^{\infty} \frac{(K\delta)^j}{j!} = e^{K\delta} - \sum_{j=0}^{n-1} \frac{(K\delta)^j}{j!}$$

と書けるように, $n \to \infty$ のとき 0 に収束するから, 任意の $\varepsilon > 0$ に対して, $n \in \mathbb{N}$ が存在して $n < m$ ならば $|X_m(t) - X_n(t)| < \varepsilon$ とできる. よって, $\{X_n(t)\}$ はコーシー列($2.2.4$ 項).

ゆえに, 実数の連続性より $\{X_n(t)\}$ は収束して(同 $2.2.4$ 項),

$$X(t) = \lim_{n \to \infty} X_n(t)$$

によって, $X(t)$ が定義できる. しかも, この収束はコーシー列の評価での ε が t に依存しないことから一様収束である($2.5.1$ 項).

したがって, 各 $X_n(t)$ が連続関数であることより $X(t)$ も連続関数で($3.2.3$ 項), かつ, ピカール近似(9.11)の両辺で $n \to \infty$ の極限をとれば極限と積分が交換できるから($4.4.1$ 項),

$$X(t) = \lim_{n \to \infty} X_n(t) = x_0 + \lim_{n \to \infty} \int_{t_0}^{t} F(s, X_{n-1}(s)) \, ds$$
$$= x_0 + \int_{t_0}^{t} \lim_{n \to \infty} F(s, X_{n-1}(s)) \, ds = x_0 + \int_{t_0}^{t} F(s, X(s)) \, ds.$$

ゆえに, $X(t)$ は(9.10)の解であり, すなわち初期値問題(9.7)の解である.

参考文献

[1] 青本和彦『微分と積分 1』(岩波講座 現代数学への入門), 岩波書店(1995).

[2] 金子晃『数理系のための 基礎と応用 微分積分 I』, サイエンス社(2000).

[3] 小平邦彦『軽装版 解析入門 I』, 岩波書店(2003).

[4] 杉浦光夫『解析入門 I』, 東京大学出版会(1980).

[5] 高木貞治『定本 解析概論』, 岩波書店(2010).

[6] 高橋陽一郎『微分と積分 2』(岩波講座 現代数学への入門), 岩波書店(1995).

[7] 高橋陽一郎『微分方程式入門』(基礎数学 6), 東京大学出版会(1988).

[8] ディユドネ『現代解析の基礎 1』, 森毅訳, 東京図書(1971).

[9] ハイラー & ワナー『解析教程(上・下)』, 蟹江幸博訳, シュプリンガー・フェアラーク東京(1997). (新装版, ハイラー & ヴァンナー, 丸善出版(2012).)

[10] ブルバキ『数学原論 実一変数関数(基礎理論) 1』, 小島順・村田全・加地紀臣男訳, 東京図書(1986).

[11] ポントリャーギン『改訂新版 やさしい微積分』, 坂本実訳, 東京図書(1987). (文庫版『やさしい微積分』, 坂本實訳, ちくま学芸文庫(2008).)

[12] 森毅『現代の古典解析――微積分基礎課程』, 日本評論社(1985). (文庫版, ちくま学芸文庫(2006).)

[13] 山崎圭次郎『解析学概論 I』(共立数学講座 1), 共立出版(1967).

[14] 吉田伸生『微分積分』(共立講座 数学探検 1), 共立出版(2017).

[15] Hardy, G.H. "A Course of Pure Mathematics", 10th Ed., Cambridge Mathematical Library, Reprinted (1994).

[16] Rudin, W. "Principles of Mathematical Analysis", 3rd Ed., McGraw-Hill (1976).

[17] Spivak, M. "Calculus", 4th Ed., Publish or Perish, Inc.(2008).

索　引

原 啓介

1991 年，東京大学教養学部基礎科学科第一卒業．1996
年，東京大学大学院数理科学研究科博士課程修了．博士
(数理科学)．
立命館大学理工学部数理科学科准教授，同教授，株式会
社 ACCESS 勤務などを経て，Mynd 株式会社の設立に
参画．同社の代表取締役，取締役を経て，現在，数理ファ
イナンス研究所フェロー．

微積分学のエッセンス

2023 年 9 月 15 日　第 1 刷発行

著　者　原　啓介
　　　　はら　けい すけ

発行者　坂本政謙

発行所　株式会社 岩波書店
　　　　〒101-8002 東京都千代田区一ツ橋 2-5-5
　　　　電話案内 03-5210-4000
　　　　https://www.iwanami.co.jp/

印刷・製本　法令印刷

松坂和夫
数学入門シリーズ（全6巻）

松坂和夫著　菊判変型並製

高校数学を学んでいれば，このシリーズで大学数学の基礎が体系的に自習できる．わかりやすい解説で定評あるロングセラーの新装版．

—— 岩波書店刊 ——
定価は消費税10%込です
2023年9月現在